特高压换流站消能装置原理、试验及应用

国网江苏省电力有限公司电力科学研究院　组编

中国电力出版社

CHINA ELECTRIC POWER PRESS

内 容 提 要

为支撑新型电力系统建设，提升换流站新能源消纳能力，提出了可控自恢复消能技术。本书总结了可控自恢复消能装置的原理、关键技术、试验技术等，通过案例详细介绍了消能装置的工程应用情况。

本书共分为 6 章，主要内容包括消能装置原理、消能装置关键技术、消能装置型式试验技术、消能装置出厂试验技术、消能装置现场试验技术、消能装置典型应用。

本书可供从事消能装置设计、制造、检测、运行检修、生产管理方面的工作人员使用，也可供消能装置技术开发、科研及教学人员培训使用。

图书在版编目（CIP）数据

特高压换流站消能装置原理、试验及应用/国网江苏省电力有限公司电力科学研究院组编. —北京：中国电力出版社，2023.10
ISBN 978-7-5198-8257-0

Ⅰ.①特… Ⅱ.①国… Ⅲ.①特高压输电—换流站—过电压保护装置 Ⅳ.①TM862

中国国家版本馆 CIP 数据核字（2023）第 209890 号

出版发行：中国电力出版社
地　　址：北京市东城区北京站西街 19 号（邮政编码 100005）
网　　址：http://www.cepp.sgcc.com.cn
责任编辑：张冉昕
责任校对：黄　蓓　常燕昆
装帧设计：郝晓燕
责任印制：石　雷

印　　刷：三河市航远印刷有限公司
版　　次：2023 年 10 月第一版
印　　次：2023 年 10 月北京第一次印刷
开　　本：710 毫米×1000 毫米　16 开本
印　　张：8.5
字　　数：135 千字
印　　数：0001—1000 册
定　　价：60.00 元

前　言

当前，电力系统正发生巨变和转型，几十年来以燃气、柴油或煤炭为主的能源正在被以太阳能、风能、水力发电或海洋发电为主的新能源取代。新能源将为构建以换流器为主体的零碳电力系统发挥重要的作用。

我国能源分布极不平衡，特高压直流输电是电能长距离输送的有效手段，我国特高压直流技术发展快速，世界最高电压等级、最大传输容量的直流工程均在我国，并且已建成混合直流、混合级联直流、多端直流、直流电网等新技术示范工程。随着直流输电技术的大规模应用，交流系统短路故障导致直流功率无法送出的问题被引起重视。经过不断探索，我国提出了可控自恢复消能装置，通过可控自恢复消能装置可解决换流站功率盈余的问题，提升换流站的能量可用率。随着新型电力系统的建设，消能装置将有更加广阔的应用前景。

本书共分为 6 章，主要内容包括消能装置原理、消能装置关键技术、消能装置型式试验技术、消能装置出厂试验技术、消能装置现场试验技术、消能装置典型应用。

在本书的编写过程中，得到了国家电网有限公司特高压部、西安交通大学、南瑞集团有限公司等领导、专家和一线人员的帮助和指导。在此，对以上单位和人员付出的辛勤劳动表示感谢！

由于作者水平有限，难免有不足之处，恳请广大读者及时批评指正。

目 录

1 消能装置原理

消能装置配合直流输电系统有着广泛的应用前景，根据应用场景的不同，消能装置有不同的结构形式，但不同结构形式下消能装置的基本原理是类似的，了解消能装置的基本工作原理是必不可少的。

1.1 概　　述

随着远距离直流输电技术的日益成熟，特高压直流输电的经济性得到了保证，特高压直流输电工程得到了大规模的建设，直流输电系统的电压等级不断提高，容量快速增长。"十四五"期间特高压工程建设还将加快推进，国家电网有限公司 2021 年 3 月 1 日发布《国家电网发布"碳达峰、碳中和"行动方案》，提出"十四五"期间国家电网新增的跨区输电通道将以输送清洁能源为主，规划建成 7 回特高压直流，新增输电能力 5600 万 kW。在加强坚强智能电网建设方面，国家电网有限公司明确提出：在送端地区完善西北、东北主网架结构，加快构建川渝特高压交流主网架，支撑跨区直流安全高效运行；在受端地区扩展和完善华北、华东特高压交流主网架，加快建设华中特高压骨干网架，构建水火风光资源优化配置平台，提高清洁能源接纳能力。

随着大容量、远距离特高压交直流输电技术水平的发展，电网区外来电比重日益增大，成为典型的特高压主网架，然而随着特高压网架的构建，逐步出现新的问题，特别是特高压直流输电工程可进行大容量"点对点"式地输送有功功率，电网资源配置能力亟须优化提高，在满足消纳外来电源的基础上，灵活动态实现 500kV 电网接入。随着电网建设高速发展和电力电子技术日渐成熟，为了进一步提高电网稳定性、灵活性，结合生产的实际需要，提出了特高压混合柔性输电技术的发展方向，以满足特高压直流输电系统提出的更高要求。

混合级联柔性直流输电技术指由电网换相换流器（LCC）与电压源换流器（VSC）构成的特高压直流输电技术，采用成熟 LCC 阀组和柔性直流 VSC 阀组串联的混合拓扑，柔性直流部分可扩展为多个 VSC 并联，并落点于交流电网的不同位置。混合级联柔性直流输电技术兼具传统直流输电和柔性直流输电的优点，在特定条件下可表现出比传统直流和柔性直流技术更优越的技术性能，比柔性直流具有更低廉的造价和更广泛的应用场景，具有良好的稳态及暂态特性，有效扩展了直流输电系统的适用范围，将成为未来大规模、远距离、大容量输电的一个发展方向。

在直流输电系统中，因交直流系统的故障导致输出功率盈余，可能进一步导致以下交直流系统过电压等问题：

（1）新能源以孤岛方式通过直流输电系统向负荷中心送电时，由于直流电网故障后故障电压、电流发展速度和通过交流安控装置切除新能源机组时间匹配困难，特别是在新能源孤岛满功率接入时，任何扰动都可能引起直流电网的盈余功率，进而使送端交流母线电压超标。

（2）混合级联直流输电系统中，送端为传统直流换流器，受端采用 LCC 与 VSC 串联的拓扑，当受端交流侧发生故障时，功率传输受阻，由于送端系统无法短时内降低输送功率，VSC 子模块由于盈余功率将出现过电压，若不采取措施吸收盈余功率将导致 VSC 闭锁，降低直流输电的可用率。

解决上述直流输电系统中的功率盈余问题的措施主要有：①在交流母线上安装消能装置吸收盈余功率；②在直流母线上安装消能装置吸收盈余功率。

因此，消能装置是解决功率盈余问题的关键手段。我国研制成功避雷器型消能装置，利用避雷器在不同电压下阻抗的非线性特性，主动限制系统过电压、吸收盈余功率，实现交直流系统的故障穿越和功率平衡。该避雷器型消能装置已成功应用于白鹤滩—江苏 ±800kV 特高压直流工程和扎鲁特—青州 ±800kV 特高压直流工程，并实现消能装置关键设备产业化，为我国新型电力系统建设和"双碳"目标提供技术支撑。

1.2　应　用　背　景

柔性直流输电系统具有控制灵活、输送容量大、可提供无功支撑等优点，是新型电力系统中大规模新能源输送的重要方式。但柔性直流系统过负荷能力弱，在交流电网发生短路等故障时极易因短时间大量功率盈余导致设备损坏、直流闭锁等问题，进而导致受端电网供电异常或中断。交流故障穿越是柔性直流输电系统应用中需要解决的关键问题之一。目前，国内外工程主要采用电阻作为消能元件，但这些技术方案均采用斩波等控制方式，存在投切过程电压波动大、谐波含量高、占地面积大等问题。在换流站交直流侧使用避雷器作为消能元件，可解决上述问题，具有良好应用潜力。

白鹤滩—江苏±800kV特高压直流工程是我国实施"西电东送"战略的重点工程。虞城换流站作为该工程的受电端，是世界首座特高压混合级联柔性直流换流站。混合级联特高压直流输电技术兼具传统直流输电和柔性直流输电的优点，在特定条件下可表现出比传统直流和柔性直流技术更优越的技术性能，比柔性直流具有更低廉的造价和更广泛的应用场景，具有良好的稳态和暂态特性，有效扩展了直流输电系统的适用范围，将成为未来大规模、远距离、大容量输电的一个发展方向。

白鹤滩—江苏±800kV特高压直流输电工程采用了整流侧LCC、逆变侧LCC＋VSC（高压侧LCC、低压侧VSC）的混合直流模式，如图1-1所示。当受端交流故障时，输送功率通道受阻，暂时功率盈余将导致VSC子模块过电压，若直接闭锁退出VSC则降低其可用率，造成送端弃水、受端供电中断。

金属氧化物避雷器是过电压保护、能量吸收的关键设备，用以限制雷电过电压、各种暂态过电压和吸收暂态能量，对整个工程绝缘水平的确定、系统的稳定运行起着决定性的作用，是不可或缺的重要设备。参考已有的解决措施，潜在的解决措施有交流耗能、直流耗能和可控避雷器。本换流站工程中首次采用可控自恢复消能装置（简称消能装置）用以改善系统暂态特性、限制系统过电压和提升系统运行稳定性。

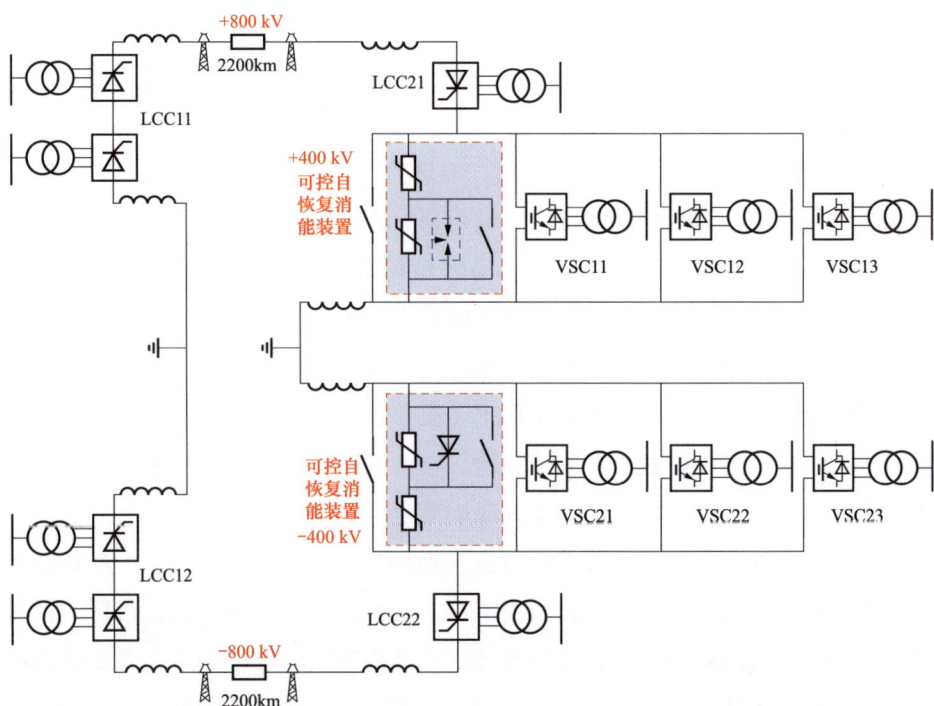

图 1-1　直流消能装置接入系统图

1.3　基　本　结　构

解决直流暂时功率盈余问题的主要措施有以下两种：

（1）在送端换流站交流母线上安装交流耗能电阻，典型应用是张北柔直工程的交流耗能电阻，通过变压器接入送端交流母线，并通过反并联晶闸管投切实现耗能电阻的接入和退出，但由于混合级联直流输电工程的送端非孤立电网，安装交流耗能电阻不能阻断送端直流系统向受端 VSC 阀组输送功率，且其占地面积较大。

（2）在受端的柔性直流换流器两端并联直流耗能装置，即采用绝缘栅双极型晶体管（IGBT）投切大功率电阻实现能量消耗，吸收暂时盈余功率，典型的应用是如东海上风电工程的直流耗能装置。若在受端 VSC 两端布置直流耗能装置，动作后 IGBT 长时间导通电流较大（高于 6kA），远大于单串 IGBT 阀组的最大电流耐受能力。若采用多串 IGBT 阀组并联，则存在不同阀组间动作同步性及均流一致性等问题，影响动作的可靠性，且大量 IGBT 串并联方案存在谐波大、电压和电流变化率高、IGBT 均压控制难度大、成本较高、经济性差的缺点。

交流耗能装置和直流耗能装置系统接线图如图 1-2 所示。

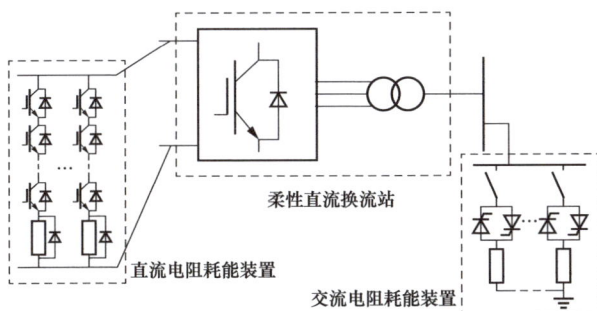

图 1-2　交流耗能装置和直流耗能装置

基于金属氧化锌阀片（或称氧化锌电阻片）的避雷器具有优异的非线性特性，即当避雷器两端电压低于其参考电压时，流过避雷器的电流仅为微安级别的泄漏电流，当避雷器两端电压大于其参考电压时，流过避雷器的电流将急剧增大，而电压上升幅度却很小，从而达到限制过电压的作用。因此基于氧化锌阀片的常规避雷器已经在常规变电站中大量使用，用于限制雷电过电压和操作过电压。此外，基于氧化锌阀片的多柱并联避雷器在串联补偿电容器装置和金属回路转换断路器（MRTB）中也有大量应用，用于限制工频过电压。

若直接在 VSC 阀组两端并联固定的避雷器，由于直流系统额定电压的限制，固定避雷器的参考电压选择较高，当需要避雷器限制 VSC 阀组两端的电压时，其限制后的残压较高，导致 VSC 阀组过电压水平高，增加了 VSC 阀组的成本，若降低避雷器的参考电压，则正常运行时避雷器荷电率较高，长期运行存在发热和寿命降低的问题。

而基于金属氧化锌阀片的可控避雷器，避雷器本体分为固定元件和可控元件。稳态运行时固定元件和可控元件均接入系统，避雷器保持高残压；暂态时旁路可控元件阀片，降低残压，并吸收能量。其控制简单、造价适中。因此最后选择基于氧化锌避雷器的可控避雷器可作为 VSC 故障穿越的消能装置。

消能装置的基本结构如图 1-3 所示，避雷器由固定元件

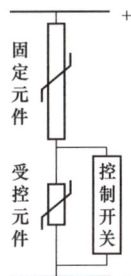

图 1-3　消能装置的基本结构

和可控元件串联组成，固定元件和可控元件均为金属氧化锌阀片串联组成，控制开关与可控元件并联。正常运行时，控制开关打开，消能装置的参考电压大于系统运行电压并考虑一定裕度，此时消能装置整体仅有微安级别的泄漏电流流过。当直流系统过电压时，将控制开关导通/合闸，此时消能装置仅固定元件接入，将直流过电压限制在可接受的范围内。

为实现消能装置在直流系统正常运行时不吸收能量，而仅在特定工况下才吸收能量，将避雷器本体分为固定元件和可控元件，并在可控元件两端并联控制开关，通过控制开关的合分来实现消能装置的投入和退出。根据系统仿真研究表明，可控开关在 7~8ms 合闸即可满足系统需求，因此控制开关 K0 可以采用晶闸管触发开关或密闭间隙开关，控制开关 K1 可采用快速机械触发开关。

当消能装置退出前，此时控制开关处于合闸状态，因此固定元件中会有直流泄漏电流流过，要求控制开关具有 10A 直流电流切断能力，而快速机械开关采用真空灭弧室结构，其断口间开距较小，其直流电流切断能力较弱，因此，还需要配置旁路开关 K2，K2 通常采用 SF_6 气体绝缘，其断口开距较大，具备 10A 直流电流切断能力。

采用晶闸管触发开关的消能装置拓扑结构如图 1-4 所示，由避雷器、晶闸

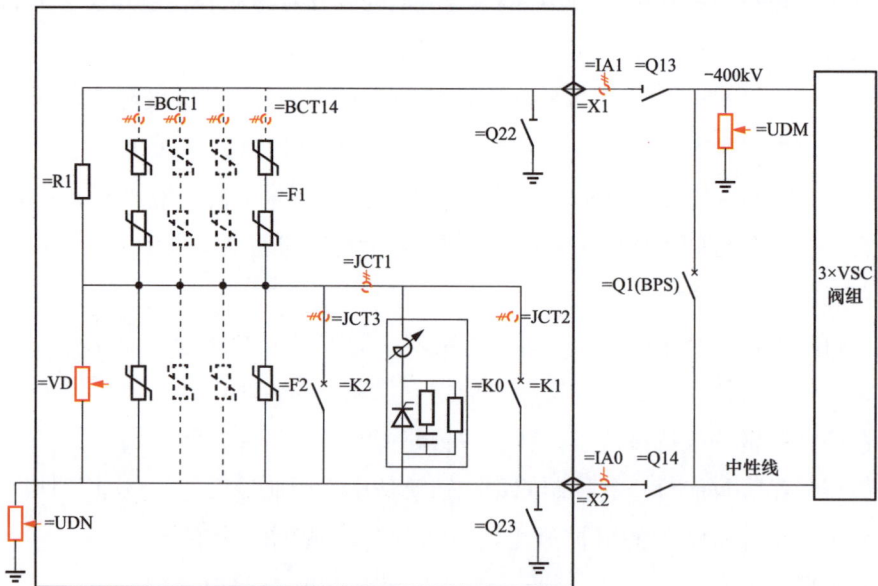

图 1-4 采用晶闸管触发开关的消能装置拓扑结构

管触发开关 K0、快速机械触发开关 K1、旁路开关 K2 及保护用旁路开关（by pass switch，BPS）等部分组成。

正常运行时，晶闸管触发开关 K0、快速机械触发开关 K1 及旁路开关 K2 均处于开断状态，避雷器固定元件 F1 和可控部分 F2 串联接入系统，其持续最大运行电压选择与常规避雷器相同。

当故障发生后，直流电压升高至设定阈值后，同时触发晶闸管触发开关 K0、快速机械触发开关 K1 及旁路开关 K2，将可控部分 F2 短路，快速降低避雷器保护水平，系统盈余能量被保护用避雷器的固定元件 F1 吸收。在系统故障清除后依次断开快速机械触发开关 K1 和旁路开关 K2，消能装置退出运行。BPS 在系统正常状态下一直保持开断状态，只在晶闸管触发开关 K0、快速机械开关 K1 及旁路开关 K2 合闸失败或避雷器能量越限等情况下闭合 BPS，将消能装置组旁路，实现对消能装置的保护。

采用密闭间隙开关的消能装置拓扑结构如图 1-5 所示，由保护用避雷器、密闭间隙开关 K0、快速机械触发开关 K1、旁路开关 K2 及 BPS 等部分组成，其工作情况与采用晶闸管触发开关的消能装置类似。

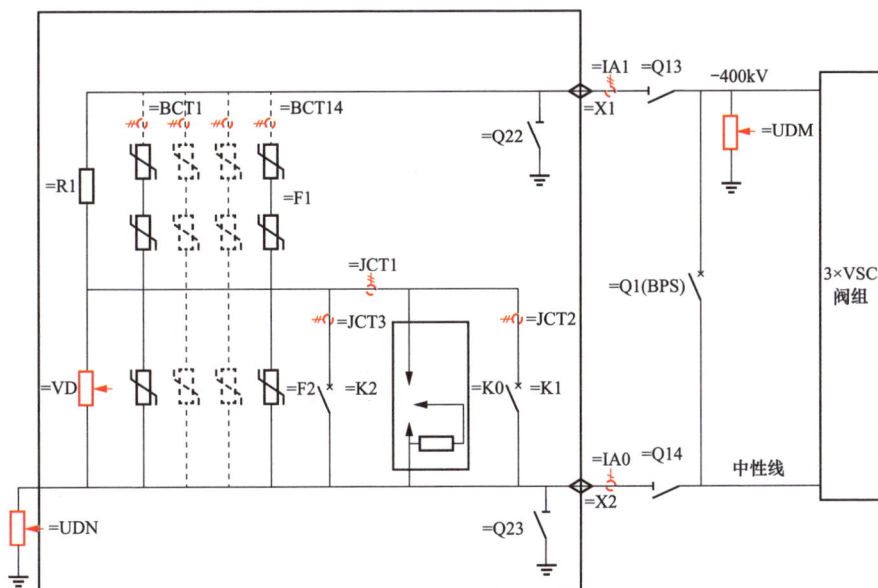

图 1-5　采用密闭间隙开关的消能装置拓扑结构

1.4 工 作 原 理

消能装置可根据运行条件变化来限制过电压：控制电阻片的投入数量，使避雷器在系统正常运行时具有高额定电压、低运行荷电率和高可靠性；暂态情况下通过可控开关达到整定值导通，降低残压。

消能装置正常运行时，避雷器固定、可控单元串联接入系统，其保护水平高，作用与常规避雷器相同。

当故障发生时，消能装置收到极控的动作指令后的工作步骤如下：

（1）触发开关、旁路开关同时开始合闸动作，触发开关先完成导通，故障电流流经固定单元＋触发开关支路；触发开关导通数毫秒后，快速机械开关支路完成导通，此时故障电流流经固定单元＋触发开关支路＋快速机械开关支路；此后电流由触发开关支路转移至快速开关支路，触发开关中电流逐渐减小，当低至触发维持电流以下（晶闸管或触发间隙的最小维持电流）会自行关断电流归零，保持若干毫秒零电流后可靠关断。

（2）快速机械开关导通约几十毫秒后，旁路开关完成合闸，流经触发开关的电流开始向旁路开关转移，故障电流流经固定单元＋（快速机械开关＋旁路开关）。

（3）旁路开关合闸完成后，向消能装置控制保护系统发送合闸成功信号；系统收到该信号后，向快速开关发送分闸指令，快速开关分断。故障电流流经固定单元＋旁路开关支路。

在系统故障清除后，极控向消能装置发送分闸指令，消能装置控制保护系统控制旁路开关支路断开，装置退出运行。

消能装置在运行过程中可承受工频电压、操作过电压和雷电侵入波过电压，消能装置的伏安特性曲线如图 1-6 所示，结构示意如图 1-7 所示，MOA1、MOA2 分别为避雷器可控元件和固定元件。例如，在白江工程中消能装置可控元件 18 片、固定元件 86 片，总共 104 片，在持续运行电压峰值（CCOV）为 440kV 的情况下，荷电率为 82%。在交流侧发生两相、三相等严重故障后，功率盈余造成 VSC 子模块过电压，检测到子模块电压最大值超过定值 U_1 后，消能装置闭合可控开关，从而限制±400kV 直流母线电压，同时抑制 VSC 子模块过电压。检测到子模块电压最大值超过定值 U_2（$U_2 > U_1$）后，需配合送端移相策略降低避雷器的能量，此时故障期间功率短时中断约 200ms。待故障结束后，断开可控开关，避雷器退出。当检测到消能装置上吸收的能量超过临界值时，投入 BPS，保护避雷器并旁路低端 VSC，避免 VSC 子模块电压进一步升高。

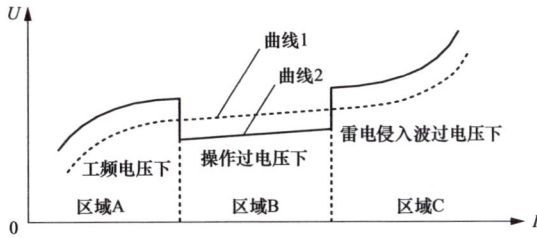

图 1-6　消能装置的伏安特性曲线

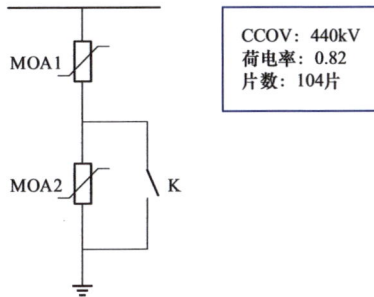

图 1-7　消能装置的结构示意图

2 消能装置关键技术

消能装置由很多组部件构成，影响消能装置性能的主要部件包括消能避雷器、晶闸管/间隙触发开关、快速机械触发开关、控制保护等，本章针对控制保护和消能避雷器两个部件的关键技术进行详细介绍。

2.1 消能装置控制保护技术

消能装置的控制保护系统通常按直流控制保护设计原则进行设计，整体配置如图 2-1 所示，配置原则如下：

（1）控制系统按双套冗余配置，与直流极控（PCP）、VSC 阀控制保护（VCP）、保护装置交叉连接。

（2）双套控制系统分别与晶闸管触发开关的阀控装置（VBE）、快速机械触发开关的触发控制回路、旁路开关的控制回路进行通信，发出分合闸指令并接收状态监视信号。

（3）保护系统配置三套保护装置，与直流极控、控制装置交叉连接，保护的"三取二"功能由极控和控制装置实现。

（4）配置均流监视装置，接收分支电流测量装置的测量数据，对不同组电流进行计算，大于定值时给出告警信号，并将采样数据通过通信协议上送给直流后台，后台对分支电流数据进行记录。

（5）每台汇流测量装置配置光纤传感环，每个光纤传感器用于 3 套保护，满足保护"三取二"要求，1 个备用。

（6）每台分支电流测量装置配置一个光纤环，用于均流监视装置，测量避雷器的动作电流，计算其不均匀系数，并判断其均匀性。

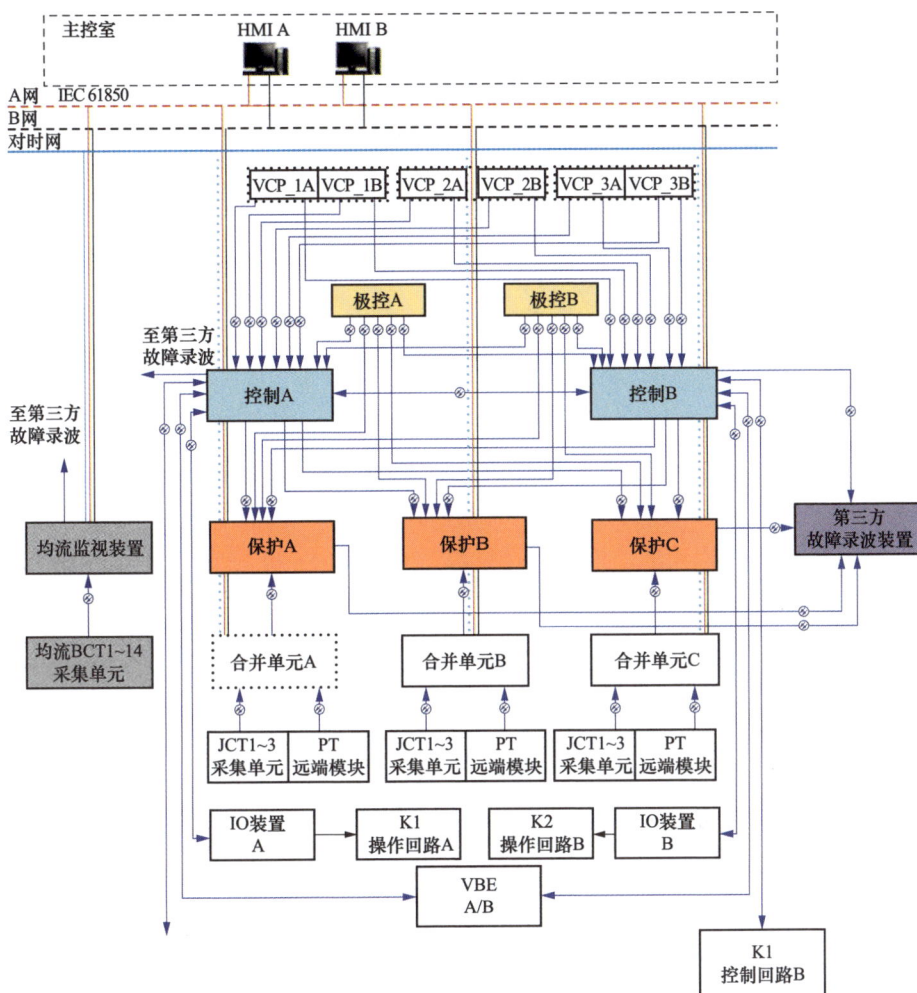

图 2-1　消能装置控制保护系统整体配置

（7）所有控制保护装置宜通过 IEC 61850 通信规约接入直流数据采集与监视控制（SCADA）系统，所有模拟量、监视信号、遥控信号等均可通过直流 SCADA 进行控制。

（8）每套消能装置的控制和保护装置均配置两路完全独立的电源同时供电，且工作电源与信号电源分开，一路电源失电，不影响消能装置控制和保护装置的工作。

（9）控制和保护装置内部具备故障录波功能，可以手动触发录波，当控制和保护装置整组启动后可以自动启动录波，记录消能装置的主要电气状态数据和波形，以及直流控制保护系统通信的所有电气信号、消能装置内部的关键中间信号等。

（10）消能装置的控制和保护装置也可以根据直流控制保护系统要求提供相关的重要电气量和与其他装置交互的电气信号量及业主提供的第三方故障录波装置兼容的接口。

（11）控制保护装置的程序具备软件版本管理功能。

2.1.1 控制功能配置

1. 手动控制

通过监控系统对快速机械触发开关、旁路开关进行遥控分合闸。

2. 自动控制

如图 2-2 所示，产生系统过电压时，控制装置有两个途径接收合闸命令。

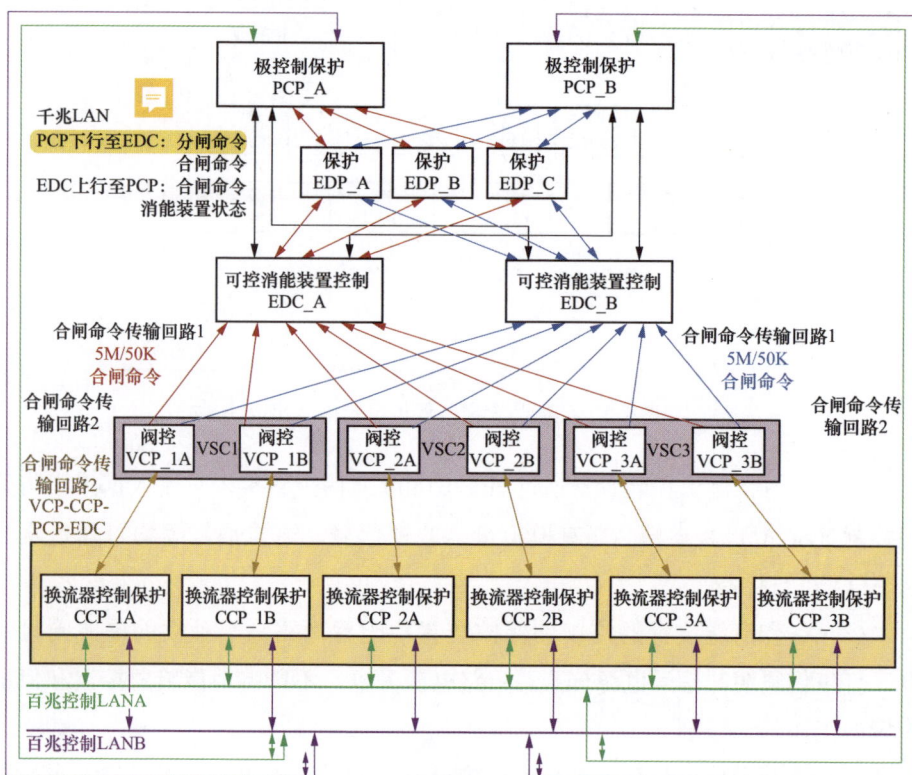

图 2-2 控制装置接收合闸命令的传输回路

途径 1：阀控制保护装置直接发给控制装置（光调制波）。

途径 2：阀控制保护装置—换流器控制保护装置—极控制保护装置—消能装置控制。

控制装置收到任意一个 VSC 阀控制保护（VCP）的合闸命令或任意一个直流极控（PCP）的合闸命令后，同时发出晶闸管触发开关 K0、快速机械触发开关 K1 和旁路开关 K2 的合闸指令。

系统过电压恢复后，直流极控发出分闸指令，控制装置依次发出 K1 分闸指令，K1 分闸成功后再发出 K2 分闸指令。

消能装置的控制流程如图 2-3 所示。

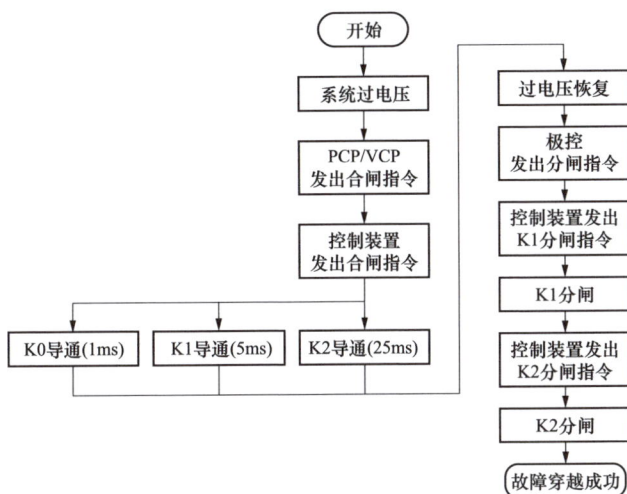

图 2-3　消能装置控制流程

2.1.2　保护功能配置

针对消能装置各组成部分可能发生的异常情况，保护功能及测量点配置如图 2-4 所示。

1. 避雷器本体保护

根据串补等工程中避雷器保护相关经验，可能引起避雷器损坏的原因有吸收能量过大、温度过高。另外，正常情况下避雷器最大电流并不大，为 20kA，只有在固定元件整体绝缘闪络时电流才会达到 88kA。因此，避雷器本体保护配置有能量越限保护、温度越限保护、电流越限保护，动作逻辑及出口见表 2-1。

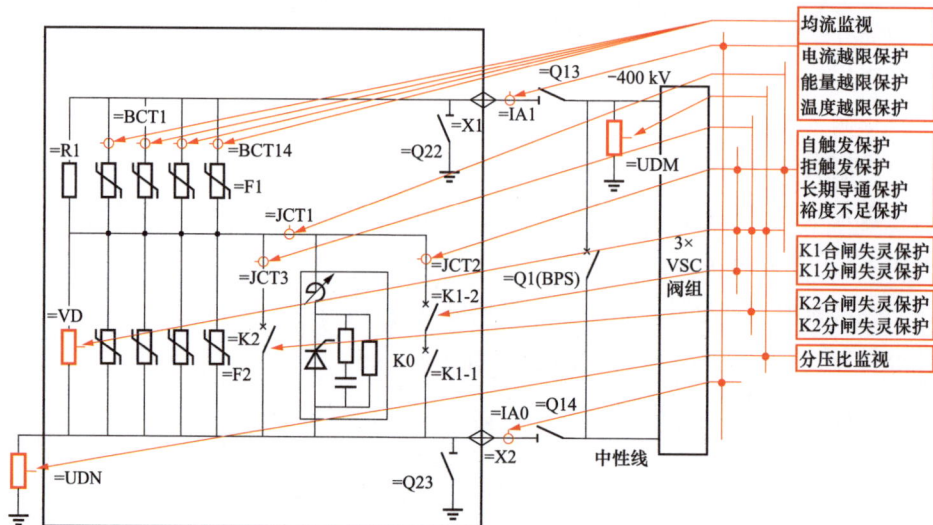

图 2-4 消能装置保护功能及测量点配置

表 2-1 **消能装置保护动作逻辑及出口**

保护类型	定值	延时	动作逻辑	动作出口
能量越限保护	×× MJ	0	根据避雷器电流（I_{A1} 或 I_{A0}）反推电压，采用电流与电压的乘积进行积分，计算避雷器吸收的能量，超过定值保护动作	PCP "三取二" 后闭锁低阀（同时闭锁 VSC、跳交流侧开关、合 BPS）
温度越限保护	×× ℃	0	根据避雷器吸收的能量、温升系数、环境温度，计算避雷器的温度，超过定值保护动作	
电流越限保护	×× kA	×× μs	根据避雷器电流（I_{A1} 或 I_{A0}）大小判断，超过定值保护动作	

2. 晶闸管触发开关保护

根据可控串补、可控高压电抗器等工程中晶闸管开关的相关经验，晶闸管开关可能发生的异常情况有拒触发、自触发、持续导通等导致的过负荷，损坏级数大于设计值导致裕度不足，因此配置的保护功能、动作逻辑及出口见表 2-2。

表 2-2 **晶闸管触发开关 K0 保护功能、动作逻辑及出口**

保护功能	定值	延时	动作逻辑	动作出口
拒触发	××A	××ms	保护装置收到触发命令后，K0 支路电流小于定值且直流分压器（VD）电压大于定值，持续时间大于定值，保护动作	（1）告警。（2）若 K1 也拒触发，PCP "三取二" 后，闭锁低阀（先闭锁 VSC 和跳交流侧开关，后合 BPS）

续表

保护功能	定值	延时	动作逻辑	动作出口
自触发	××A	××ms	无触发命令，K0 支路电流大于定值或 VD 电压小于定值且持续时间大于定值，保护动作	(1) 合闸 K1/K2，延时后再分闸。 (2) 一定时间内 K0 自触发次数越限，请求退出运行（延时 29min，具体时间待定，闭锁低阀）
持续导通	××A	××ms	K0 支路电流大于定值且持续时间大于定值，保护动作	PCP "三取二"后执行闭锁低阀（同时闭锁 VSC、跳交流侧开关、合BPS）
裕度不足	××	××ms	晶闸管损坏级数或 IP 回报光纤数大于定值，保护动作	请求退出运行（延时 29min，具体时间待定，闭锁低阀）

晶闸管触发开关保护逻辑如图 2-5～图 2-7 所示。

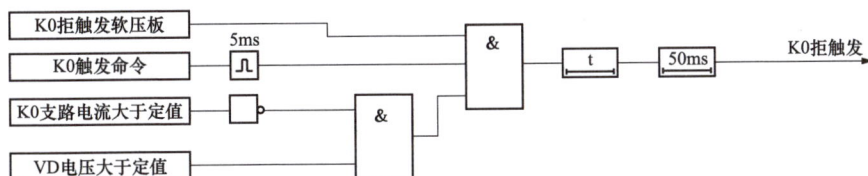

图 2-5　K0 拒触发保护

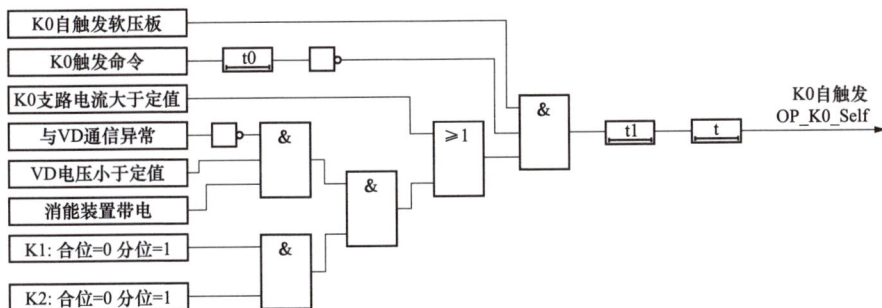

图 2-6　K0 自触发保护

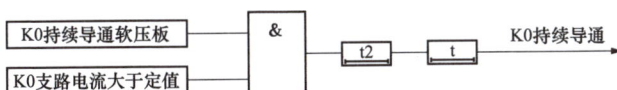

图 2-7　K0 持续导通保护

3. 快速机械触发开关保护

快速机械触发开关相关保护功能、动作逻辑及出口见表 2-3。

表 2-3 快速机械触发开关保护功能、动作逻辑及出口

保护功能	定值	延时	动作逻辑	动作出口
K1 合闸失灵	××A	××ms	保护装置收到合闸命令，K1 支路电流小于定值且 K1 在分位，或 VD 电压大于定值，持续一定时间后保护动作	(1) 告警。 (2) 若 K0 也拒触发，PCP "三取二"后，闭锁低阀（先闭锁 VSC 和跳交流侧开关，后合 BPS）
K1 分闸失灵	—	××ms	保护装置收到分闸命令，K1 为合位且持续一定时间，保护动作	请求退出运行（延时 29min，具体时间待定，闭锁低阀）

快速机械触发开关保护逻辑如图 2-8、图 2-9 所示。

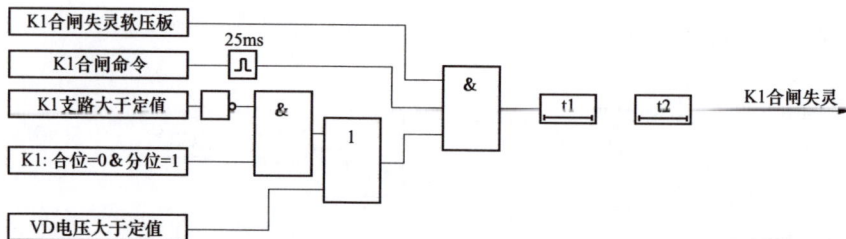

图 2-8 K1 合闸失灵保护

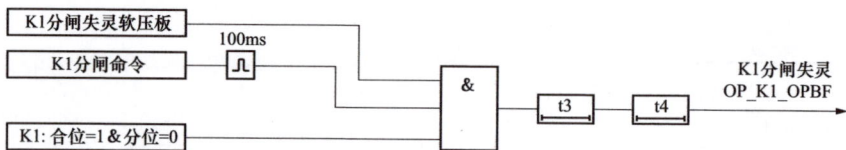

图 2-9 K1 分闸失灵保护

4. 旁路开关保护

旁路开关保护功能、动作逻辑及出口见表 2-4。

表 2-4 旁路开关保护功能、动作逻辑及出口

保护功能	定值	延时	动作逻辑	动作出口
K2 合闸失灵	—	××ms	保护装置收到合闸命令，K2 支路电流小于定值且 K2 在分位，或 VD 电压大于定值，持续一定时间后保护动作	PCP "三取二"后，送整流侧移相后闭锁低阀（先闭锁 VSC、跳交流侧开关，后合 BPS）
K2 分闸失灵	—	××ms	保护装置收到分闸命令，K2 为合位且持续一定时间，保护动作	请求退出运行（延时 29min，具体时间待定，闭锁低阀）

旁路开关保护逻辑如图 2-10、图 2-11 所示。

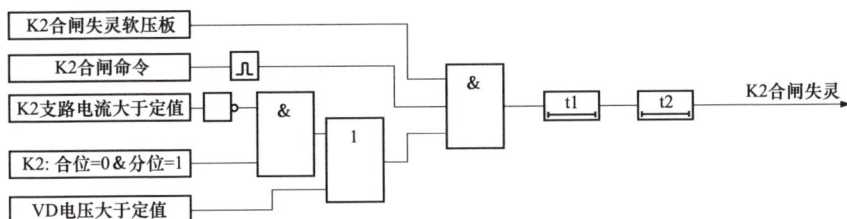

图 2-10 K2 合闸失灵保护

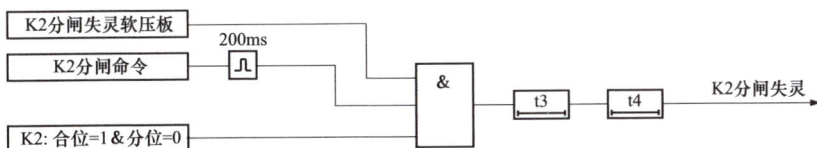

图 2-11 K2 分闸失灵保护

5. 分压比监视

通过 400kV 母线电压、中性母线电压、可控元件端间电压计算固定元件和可控元件的分压比，超出允许范围且持续一定时间后保护动作，请求退出运行（延时 29min，闭锁换流阀）。

2.2 消能装置避雷器技术

消能装置中包含大量的多柱串并联直流氧化锌避雷器（消能避雷器）。由于消能装置的运行工况完全不同于传统避雷器，因此消能避雷器承受的动作负荷、自身具有的耐受能力和呈现的保护特性等均不能与传统避雷器相提并论。

依据氧化锌避雷器的固有特性，在正常运行时，理论上每片电阻片承担的电压大致相同。但是在实际运行过程中，由于消能装置中有大量的避雷器串并联布置，相互间存在耦合电容、电阻片柱对地电容、法兰对地电容、均压环补偿电容及周边其他设备的耦合电容，避雷器的电位分布会更加复杂且不均匀，在含有显著谐波的运行电压下，一般每柱避雷器靠近高压端的电阻片承担电压较高，导致这部分电阻片加速劣化。在该处电阻片劣化后，会使其他位置电阻片承担的电压增加，进而加速老化，影响避雷器的使用寿命甚至导致避雷器迅速损坏，危及其他电气设备的运行安全。在多柱串并联直流避雷器生产配组中，由于电阻片的参数存在分散性和差异，运行中会含有一些矮片，矮片的存在会恶化和避雷器的电位分布会畸变，因此需要研究存在矮片的数量、位置及参数差异对电位分布的影响，从而确定其影响方式和规律。

考虑到可控自恢复消能装置避雷器对于电阻片均一性的严格要求，除通过电流分布试验进行测试以外，还通过原材料控制、试验控制等方式对其均流特性进行了一定程度的优化。

2.2.1 一致性控制参数及检验方法

1. 电阻片原材料控制

电阻片原材料控制配置了齐备的原材料性能化验试验设备，如光谱分析仪、原子吸收分析仪、粒度分析仪等计算机控制仪器，按照检验流程，对物料进行严格的进厂检验，确保每一种物料的理化性能和电性能均能满足有关标准的要求和生产需要。

采用高精度的称量仪器，严格按照配方进行原材料的精准称量，误差控制在±1%，保证电阻片的性能稳定及批次间的一致性。不同批次电阻片的造粒工艺应保证浆料的黏度、温度、塔内真空度的一致性，确保造粒料的粒度，堆积密度均匀一致性。同一台可控自恢复消能装置避雷器的电阻片原料均采用同一批次，应使用同一台压机进行压制胚片，并使用同一条窑炉进行高温烧结成型，从工艺细节角度保证生产的电阻片特性一致性。

（1）原料的控制。通过对化工原料厂家进行质量管理，使用相同厂家、同一工艺生产的品质相同的化工原料。从源头保证原料的一致性。

（2）混料、造粒、成型的控制。根据生产中不同环节对品质的影响，对混料、造粒各项关键质量控制点实施管理，实现均匀的混合，造出粒径均匀的球形造粒粉颗粒，再进行静压成型，从而生产出结构均匀、密度均衡的成型体。

（3）成型的控制。使用的压机均为框架式构造，运行精度高，均使用同一厂家加工的高精度的整体模具成型，通过对成型密度、成型速度的严格控制，进行静压成型，从而生产出结构均匀、密度均衡的成型体。两台成型机成型质量可完全符合产品的需求，生产的电阻片成形体性能无明显差异，稳定均一。

（4）烧成的控制。烧成是关键工序，通过电脑程序对炉温进行自动调节，使各炉炉温与理论要求炉温（工艺温度）一致，通过实时调整各温区的加热功率使炉子内部各温区上下温度均衡，且各炉曲线一致，从而解决了不同烧成炉炉温差异大的难题。

（5）加工的控制。通过数控磨床将电阻片磨削到相同尺寸，从而实现电阻片外形的统一。

2. 直流参考电压试验

逐片进行电阻片的直流参考电压试验，测量数据保存在数据库，便于追溯。控制电阻片直流参考电压偏离平均值不超过±3%，超出要求的电阻片不用于消能装置。

直流参考电压检测使用直流参数测试仪进行，由工控机自动控制，工控机设定参数的合格范围并根据检测结果自动判断是否合格，合格电阻片印标，不合格电阻片不印标。

3. 0.75 倍直流参考电压下泄漏电流试验

逐片进行电阻片 0.75 倍直流参考电压下泄漏电流检测，测量数据保存在数据库，超出要求的电阻片不用于消能装置。

检测使用直流参数测试仪进行，由工控机自动控制，工控机设定参数的合格范围并根据检测结果自动判断是否合格，合格电阻片印标，不合格电阻片不印标。

4. 残压试验

逐片进行电阻片的残压试验，测量数据全部保存在数据库用于配组使用，每片的数据均可以追溯。控制电阻片压比满足技术规范要求且误差控制在 −1.5%~0%，超出要求的电阻片不用于消能装置。

残压的测量使用冲击电流发生器、峰值电压表、峰值电流表、多通道示波器进行，由工控机自动控制，工控机设定参数的合格范围并根据检测结果自动判断是否合格，合格电阻片印标，不合格电阻片不印标。

5. 老化试验

使用直流加速老化试验装置进行加速老化试验，试验波形采用直流波形，直流电压下老化试验时的荷电率（试验电压/直流参考电压）不小于 95%，试验温度为 115℃，加速老化时间不少于 1000h，每批次电阻片抽取 3 片进行老化试验。

6. 大电流冲击试验

使用大电流冲击试验装置进行试验，试验波形采用 $4/10\mu s$ 波形，试验时选用直流参考电压最高的电阻片，电阻片数量不小于 2 片/批，大电流冲击幅值不小于 100kA，试验冲击次数 2 次，每次冲击后冷却至环境温度。

要求试验完成后无机械损坏痕迹（击穿、闪络或开裂）。

7. 2ms 方波能量耐受试验

每批次随机抽取 1 个，总共至少 50 个电阻片，每个试品进行 2ms 方波冲击电流的次数不少于 20 次，并以 3 次冲击为一组进行。两次冲击之间的间隔时间为 50～60s，两组试验之间的间隔时间应使试品冷却到接近环境温度。

试验前后应进行直流参考电压和残压试验，变化率应不大于 3%。

8. 工频半波能量耐受试验

每批次随机抽取 1 个，总共至少 50 个电阻片，每次持续时间不少于 50ms，连续进行 3 次，间隔时间不大于 60s。

试验前后应进行直流参考电压和残压试验，变化率应不大于 3%。

9. 电阻片一致性要求

（1）直流参考电压偏离平均值不超过±3%。

（2）0.75 倍直流 1mA 参考电压下泄漏电流不超过 $10\mu A$。

（3）电阻片操作冲击压比偏离平均值应不超过－1.5%～0%。

（4）方波冲击筛选试验，每生产批次电阻片筛选合格率应不低于 97.5%。

（5）老化抽样试验中直流电压下老化试验荷电率为 95%。

（6）能量耐受及分散性试验，注入试品的单位体积能量应不低于单位体积能量要求值的 1.2 倍。试验前后应进行直流参考电压和残压试验，变化率应不大于 3%。

（7）暂时过电压耐受试验，两柱电阻片的电流不均匀系数应不小于 1.05。电阻片起始温度应不低于 50℃。

10. 电阻片柱一致性要求

（1）电阻片柱操作冲击残压误差应为－1.5%～0%。

（2）各柱间的电阻片柱直流参考电压偏差应不超过 0.5%，雷电冲击残压偏差应不超过 1.5%。

（3）电阻片柱间分流不均匀系数应不大于 1.05。

11. 元件一致性要求

元件分流不均匀系数应不大于 1.03。

12. 电阻片配组要求

经过上述筛选试验后合格的电阻片，应根据避雷器结构形式通过计算机软件进行配组计算。根据计算报告，完成电阻片的整体配组。配组时，为降低电阻片之间的各项偏差，使得各电阻片柱一致性更好，对于同一级避雷器电阻片柱应按照以下原则进行：

（1）直流参考电压偏离平均值应不超过±3%。

（2）电阻片柱操作冲击残压误差应为−1.5%～0%。

（3）各柱间的电阻片柱直流参考电压偏差应不超过 0.5%，雷电冲击残压偏差应不超过 1.5%。

（4）应使用同原料批次同炉电阻片进行同一级避雷器配组，减少同一级避雷器各电阻片之间的偏差。

2.2.2 结构优化

当避雷器出现矮片后，需要计算电流分布不均匀系数。为便于计算，假设避雷器每片电阻片参数（U_{1mA}、伏安特性曲线）一致。

根据图 2-12 给出的消能装置避雷器动作时的仿真电流波形可以看出：避雷器在 5kA 时，持续时间约为 50ms，避雷器固定部分吸收能量最大，因此选取 5kA 为矮片均流计算的电流值。

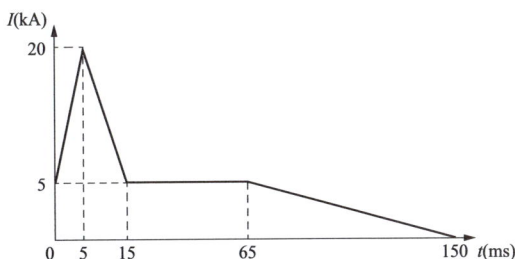

图 2-12 消能装置避雷器仿真电流波形

每柱避雷器固定部分的平均电流 $I = 44.6\text{A}$。

计算方法：对于 N 柱并联的避雷器，其中 1 柱为矮片柱，其余为健康柱。

健康柱由 n 个电阻片串联，矮片柱由 $n-m$ 个电阻片串联（其中 m 为矮片数量）。各柱电阻片 1mA 直流参考电压均值为 U_b，电阻片实际 1mA 直流参考电压为 $U_a \sim U_c$（$U_a < U_b < U_c$），则选择最恶劣情况进行计算：矮片直流参考电压取高值 U_c。假设各个电阻片 VI 特性趋势一致，即 α 相同。

健康柱 U-I 曲线

$$I_1 = C_1 \cdot U_1^\alpha \tag{2-1}$$

矮片柱 U-I 曲线

$$I_2 = C_2 \cdot U_2^\alpha \tag{2-2}$$

当 $I_1 = I_2$ 时，$\dfrac{U_1}{U_2} = \dfrac{n \cdot b}{n \cdot b - m \cdot c}$，计算得

$$\frac{C_2}{C_1} = \left(\frac{U_1}{U_2}\right)^\alpha = \left(\frac{n \cdot b}{n \cdot b - m \cdot c}\right)^\alpha \tag{2-3}$$

当 $U_1 = U_2$ 时，矮片柱与健康柱电流偏差为

$$\frac{I_2}{I_1} = \frac{C_2}{C_1} = \left(\frac{n \cdot b}{n \cdot b - m \cdot c}\right)^\alpha \tag{2-4}$$

例如，白江工程消能装置避雷器计算结果如下：

（1）原始方案。固定元件 90 片电阻片串联，当出现一片矮片时，通过试验测试一片矮片柱在 45A 电流下，矮片柱电流为健康柱电流的 1.62 倍。

通过计算，最恶劣情况下单片矮片柱电流为健康柱电流的 1.63 倍，计算过程如下：n 取 90，m 取 1，b 取 4.7kV，c 取 5.1kV，20～100A 范围内非线性系数 α 取 41，代入式（2-4），则矮片柱电流为健康柱电流的 1.65 倍，与试验测试结果最大值 1.62 比较吻合。

（2）优化设计。在不改变避雷器固定元件整体 U-I 特性的前提下，将 90 串调整为 92 串，同时将电阻片参考电压范围从 $\pm 4\%$ 调整为 $\pm 3\%$，最恶劣情况下单片矮片柱电流分布不均匀系数由 1.65 降为 1.59，计算过程如下：

n 取 92，m 取 1，b 取 4.87kV，c 取 5.0kV，20～100A 范围内非线性系数 α 取 41，代入式（2-4），则矮片柱电流为健康柱电流的 1.59 倍。

消能装置固定元件设计能量吸收能量为 321MJ，实际能量吸收能量 412MJ，工程实际运行时固定元件吸收能量为 200MJ，能量裕度为 2.06 倍，当出现一片矮片时，电流分布不均匀系数为 1.59，并不会引起避雷器损坏。

3 消能装置型式试验技术

消能装置可安装于户内或者户外，型式试验是为了验证产品能否满足技术规范的全部要求，主要分为绝缘试验、运行试验、特殊试验和部件试验。

3.1 参考标准、试验项目和参数

消能装置的型式试验主要参考表 3-1 的标准。

表 3-1   消能装置型式试验参考标准

标准号	标准名称
IEC 62271-100	高压开关设备和控制设备 第 100 部分：交流断路器
GB/T 4473—2018	高压交流断路器的合成试验
GB/T 25309—2010	高压直流转换开关
IEC 60700	晶闸管换流阀电气试验
IEC 60060-1 2010	High-voltage test techniques
IEC 62271-101	High-voltage switchgear and control—Part 101：Synthetic testing
GB/T 11032	交流无间隙金属氧化物避雷器
GB/T 22389—2008	高压直流换流站无间隙金属氧化物避雷器导则
DL/T 1156—2012	串联补偿装置用金属氧化物限制器
GB/T 16927.1	高电压试验技术 第 1 部分：一般定义及试验要求
GB/T 20990.1—2020	高压直流输电晶闸管阀 第 1 部分：电气试验
GB/T 17626.2—2018	电磁兼容 试验和测量技术 静电放电抗扰度试验
GB/T 17626.3—2016	电磁兼容 试验和测量技术 射频电磁场辐射抗扰度试验
GB/T 17626.4—2018	电磁兼容 试验和测量技术 电快速瞬变脉冲群抗扰度试验

标准号	标准名称
GB/T 17626.6—2017	电磁兼容 试验和测量技术 射频场感应的传导骚扰抗扰度
GB/T 17626.8—2006	电磁兼容 试验和测量技术 工频磁场抗扰度试验
GB/T 2424.25—2000	电工电子产品环境试验 第3部分：试验导则 地震试验方法
GB/T 13540—2009	高压开关设备和控制设备的抗震要求
GB 50260—2013	电力设施抗震设计规范
GB 50556—2010	工业企业电气设备抗震设计规范
Q/GDW 11391	高压支柱类电气设备抗震试验技术规程
JGJ/T 101—2015	建筑抗震试验规程

消能装置型式试验的主要目的是验证设备设计的合理性，发现材料和结构中的缺陷，确保产品性能满足要求，结构可靠。

在所有绝缘试验中，试品的串联冗余部件应短接。运行试验中，试品的串联冗余部件无须短接，但应按规定的比例系数提高相应的试验电压。

在确定空气绝缘设备的试验电压时，应考虑所在地的相对空气密度、室内的温升效应及大气压力的变化，并选用对应的修正系数，应结合各换流站海拔对技术参数进行合理的修正。

消能装置型式试验所选定的试验电路应保证能在与实际情况等效的最不利的条件下对设备的性能进行全面而准确的试验。

对于直流400kV消能装置型式试验项目及试验参数见表3-2。

表 3-2 消能装置型式试验项目及试验参数

序号	试验类型		试验项目	主要试验参数
1	绝缘试验	对地	直流电压耐受试验	225kV/1h
2			操作冲击试验	500kV
3			雷电冲击试验	575kV
4		端间	直流电压耐受试验	720kV(480kV×1.5)/1h
5			操作冲击试验	957kV
6			雷电冲击试验	982kV
7	运行试验		单次电流转移试验	依据技术规范要求
8			连续电流转移试验	依据技术规范要求

续表

序号	试验类型		试验项目		主要试验参数
9	特殊试验	电磁兼容试验	整机抗电磁干扰试验	通过其他型式试验时监测消能装置来检测，包括电流转移试验及绝缘冲击试验	依据技术规范要求
10					
11					
12					
13			部件抗电磁干扰试验	静电放电抗扰度试验	试验等级4级
14				射频电磁场辐射抗扰度试验	试验等级4级
15				电快速瞬变脉冲群抗扰度试验	试验等级4级
16				浪涌（冲击）抗扰度试验	试验等级4级
17				射频场感应的传导骚扰抗扰度	试验等级3级
18				工频磁场抗扰度试验	试验等级5级
19				脉冲磁场抗扰度试验	试验等级5级
20				阻尼振荡磁场抗扰度试验	试验等级5级
21				阻尼振荡波抗扰度试验	试验等级3级
22			抗避雷器部分击穿电磁干扰试验		依据技术规范要求
23			整机无线电干扰电压测量（RIV）		依据技术规范要求
24			高低温环境试验		依据技术规范要求
25			抗震计算		提供第三方报告
26	部件试验		快速机械开关试验		依据技术规范要求
27			慢速机械开关试验		依据技术规范要求
28			避雷器试验		依据技术规范要求
29			控制、保护和监视设备试验		依据技术规范要求
30			电力电子试验		依据技术规范要求

3.2　绝　缘　试　验

3.2.1　对地直流电压及局部放电试验

1. 试验目的

主要考核消能装置支架结构对地的直流耐压能力。

2. 试验方法

试验对象是消能装置支架结构（包括绝缘支撑、光缆及光缆槽、其他与支架相关的绝缘部件等），试品应装配完整。采用直流电压试验装置完成对地直流耐压试验。

试验步骤：短接试品的进出主端子，短接的主端子与地之间从不大于试验电压的 50％开始升压，升压过程中记录起晕电压值，升至试验电压 U_{tds1}，保持 1h，然后减到零。

用相反极性电压重复上述试验。在重复试验之前，消能装置支架应当短路并接地最少 2h。

试验参数为

$$U_{tds1} = k_1 k_t U_{dr} \tag{3-1}$$

式中　U_{tds1}——试验电压；

　　　U_{dr}——支架耐受额定直流电压，取值 150kV；

　　　k_1——试验安全系数，取值 1.5；

　　　k_t——大气修正系数，取值应符合 GB/T 16927.1《高电压试验技术第 1 部分：一般定义及试验要求》的规定。

3. 试验判据

(1) 消能装置对地能够耐受相应试验电压，不发生闪络或击穿。

(2) 消能装置各部分均不能发生误动作，无器件损坏。

3.2.2　对地操作和雷电冲击试验

1. 试验目的

主要考核消能装置支架结构对地的冲击绝缘水平，验证消能装置支架结构能够耐受所规定的操作和雷电冲击电压。

2. 试验方法

试验对象是消能装置支架结构（包括绝缘支撑、光缆及光缆槽、其他与支架相关的绝缘部件等），试品应装配完整。试验按照 GB/T 16927.1 的相关要求进行。

操作冲击试验电压：$500kV \times k_t$。

操作试验波形：参照 GB/T 16927.1 的标准操作冲击电压波形。

操作试验次数：正负极性各 3 次。

雷电冲击试验电压：$575kV \times k_t$。

雷电试验波形：参照 GB/T 16927.1 中的标准雷电冲击电压波形。

雷电试验次数：正负极性各 3 次。

试验步骤：在短接的两个主端子与地之间施加操作/雷电冲击电压，并记录试验电压波形。

3. 试验判据

（1）消能装置对地能够耐受相应试验电压，不发生闪络或击穿。

（2）消能装置各部分均不发生误动作，无器件损坏。

3.2.3 端间直流电压试验

1. 试验目的

主要考核消能装置端间直流耐压水平，验证各主要部件集成后绝缘水平是否能够达到要求。

2. 试验方法

试验要求如下：

（1）针对电力电子开关结构，试品为完整的消能装置整机，确保所有设备的布置皆与运行时相同；针对快速机械开关结构，试品仅为快速开关、慢速开关及控制系统。

（2）试验时避雷器需带全部金具、至少四个角的避雷器外套。

试验参数为

$$U_{\text{tds1}} = k_1 k_t U_{\text{dr}} \tag{3-2}$$

式中 U_{tds1}——1h 试验电压；

      U_{dr}——额定直流电压，取 480kV；

      k_1——试验安全系数，取 1.5；

      k_t——大气修正系数，取值应按照 GB/T 16927.1 的规定。

试验用正、负两种极性的直流电压分别进行。

3. 试验步骤

在试品两个主端子之间从不大于 1h 试验电压的 50％开始升压，升压过程中记录起晕电压值，升至 U_{tds1}，保持 1h，之后降低至零，观察试验过程中是否有击穿或者闪络。

用相反极性电压重复上述试验。在重复试验之前，支架应当短路并接地最少 2h。

4. 试验判据

（1）消能装置端间能够耐受相应试验电压，不发生闪络或击穿。

（2）消能装置各部分均不能发生误动作，无器件损坏。

3.2.4 端间操作和雷电冲击试验

1. 试验目的

主要考核消能装置端间的冲击绝缘水平。验证各主要关键部件整机集成后绝缘水平是否能够达到要求。

2. 试验方法

针对电力电子开关结构，试品为完整的消能装置整机，确保所有设备的布置皆与运行时相同；针对快速机械开关结构，试品仅为快速开关、慢速开关及控制系统。试验时避雷器仅装设四组避雷器外套。试验按照 GB/T 16927.1 中相关要求进行。

雷电冲击试验电压：$982kV \times k_t$。

雷电冲击试验波形：参照 GB/T 16927.1 中的标准雷电冲击电压波形。

雷电冲击试验次数：正负极性各 15 次。

操作冲击试验电压：$957kV \times k_t$。

操作冲击试验波形：参照 GB/T 16927.1 中的标准操作冲击电压波形。

操作冲击试验次数：正负极性各 15 次。

3. 试验步骤

在两个主端子之间施加操作/雷电冲击电压，并记录试验电压波形。

4. 试验判据

（1）消能装置端间能够耐受相应试验电压，不发生闪络或击穿。

（2）消能装置各部分均不能发生误动作，无器件损坏。

3.3 运 行 试 验

3.3.1 单次电流转移试验

1. 试验目的

主要是为了检验开关通流及最大电流转换能力，验证控制开关整体控制保护单元设计正确性。

2. 试验方法

试品为完整的开关，含控制保护系统。电流转移试验波形如图 3-1 所示，原则是做到能量或结温等效。

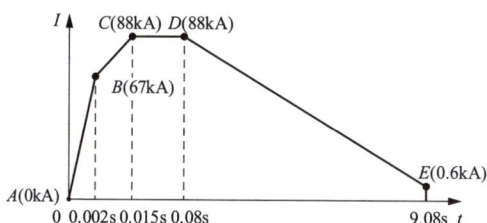

图 3-1　电流转移试验波形

3. 试验判据

（1）消能装置各部件及本体保护正常动作。

（2）每次合闸，从消能装置接到合闸指令到快速开关（或电力电子开关）通流时间小于 5ms，到慢速开关合闸通流时间小于 30ms。

（3）消能装置在通过转移电流后，不允许发生部件损坏或者失效。

3.3.2　连续电流转移试验

1. 试验目的

为了检验开关连续通流及最大电流转换能力，验证控制开关整体控制保护单元设计正确性。

2. 试验方法

试品为完整的开关，含控制保护系统。试验电流波形为连续两次图 3-1 所示波形，试验按照 CO—t_a—CO 顺序分别动作，原则是做到能量或结温等效。

3. 试验判据

（1）消能装置各部件及本体保护正常动作。

（2）任何一次合闸，从消能装置接到合闸指令到快速开关（或电力电子开关）通流时间小于 5ms，到慢速开关合闸通流时间小于 30ms。

（3）消能装置在通过转移电流后，不允许发生部件损坏或者失效。

3.4 特 殊 试 验

3.4.1 电磁兼容试验

1. 整机抗电磁干扰试验

消能装置在动作过程中，其两端的电压电流会发生剧烈的变化。特别是电流转移的过程中，电压和电流的上升和下降沿非常陡。电压电流的快速变化会产生能量较大、频带很宽的电磁噪声，这一系列暂态电磁噪声沿着电路传播，通过直接电气连接或耦合进入到消能装置内部控制监测单元等敏感设备，就产生了传导电磁骚扰现象，会给消能装置的正常工作带来一定的影响。

（1）试验目的。主要是为了验证消能装置在自身内部产生及外部强加的瞬态电压和电流引起产生的强电磁干扰环境下各主要部件的抗干扰能力，包括电力电子驱动单元、快速及慢速机械开关辅助控制单元及内部集成的采样监测单元。

（2）试验要求。试品为消能装置整机，包括避雷器、开关及自身控制保护设备。

（3）试验方法。通常，消能装置整机的抗电磁干扰能力可以通过其他型式试验时监测消能装置来检测，至少包括单次电流转移试验、连续电流转移试验及绝缘冲击试验等。

（4）试验判据。

1）消能装置所有绝缘试验和运行试验时，各部件不发生损坏、误动作或未按正常逻辑动作。

2）消能装置本体控制和保护设备按照预期动作。

3）消能装置内部采样元件均能够正常工作，且不会发生接收到错误数据或错误信号送到上级控制保护系统的情况。

2. 部件电磁兼容试验

（1）试验要求。试品分别为电力电子单元（含控制保护板卡）及其他位于消能装置本体内的控制保护板卡等。该试验按照每台消能装置每种试品不少于一个的比例进行随机抽查。抽检后的电力电子单元控制保护板卡、快速机械开关单元控制保护板卡、慢速机械开关单元控制保护板卡及其他位于消能装置本体内的控制保护板卡不再出厂。

（2）试验项目与参数。针对消能装置各个单元部件的电磁兼容试验至少包括但不限于表 3-3 中项目。

表 3-3　　　　　　　　　　部件电磁兼容试验项目与参数

试验项目	试验参数
静电放电抗扰度试验	试验等级 4 级
射频电磁场辐射抗扰度试验	试验等级 4 级
电快速瞬变脉冲群抗扰度试验	试验等级 4 级
浪涌（冲击）抗扰度试验	试验等级 4 级
射频场感应的传导骚扰抗扰度	试验等级 3 级
工频磁场抗扰度试验	磁场强度 5 级
脉冲磁场抗扰度试验	试验等级 5 级
阻尼振荡磁场抗扰度试验	试验等级 3 级
阻尼振荡波抗扰度试验	试验等级 5 级

注　试验项目按照 GB/T 17626《电磁兼容 试验和测量技术》系列标准的规定。

安全措施：①上电试验前，必须确认所有带电设备上必需的接地点都已经良好接地；②试验过程中，试验员应穿戴好绝缘手套、绝缘鞋及护目镜；③试验过程中，对带电部分检修时必须做好停电、验电、接地、悬挂标识牌和装设遮栏等安全措施；④试验时要放置接触到 36V 以上电压的地方，如指示灯、表计、裸露的导线、测量接头等；⑤主电源进线必须接有明显可见的断开装置（隔离开关等），以便在电路上形成一个明显的断开点，接临时负载时必须装有专用的隔离开关和熔断器；⑥试验过程中，要由两人进行，其中一人负责测量，另一人负责监护。

1）静电放电抗扰度试验。

a. 试验目的。检验试品抗静电干扰的能力。

b. 试验方法。试验等级为 4 级，试验方法按照 GB/T 17626.2—2018《电磁兼容 试验和测量技术 静电放电抗扰度试验》中的规定执行。试品正常带电工作，通过上位机观察试品运行状态。

c. 试验判据。干扰过程中，产品无损坏、无异常事件记录，产品内部器件均能按照要求正常工作；干扰结束后，产品工作正常。

2）射频电磁场辐射抗扰度检验。

a. 试验目的。检验试品对由无线电发射机或任何其他发射连续波形式辐射电磁能的装置所产生电磁场的抗扰度。试验场强为 30V/m。

b. 试验方法。按照 GB/T 17626.3 中的规定执行，具体如下：试验前确定电波暗室中实验场区满足频率和场强的均匀性（注意避免驻波和扰动反射）。

（a）整机部件置于暗室内并连接所有电气和光纤接线。设置试验设备参数见表 3-4。

表 3-4   试 验 设 备 参 数 表

试验项目	场强（V/m）	频率（Hz）
射频电磁场	30	80～3000（扫频）
		80（点频）
		160（点频）
		380（点频）
		450（点频）
		900（点频）

（b）试验开始前要求直流高压电源放在暗室外面，通过高压电源对暗室内试品供电，使其处于正常工作状态（可去掉静态均压电阻），然后开始进行辐射试验，通过上位机界面观察辐射对试品运行情况的影响。整个试验进行三个方向的试验。

c. 试验判据。干扰过程中产品无损坏、无异常事件记录，产品内部器件均能按照要求正常工作，干扰结束后产品工作正常，则记为通过。

3）电快速瞬变脉冲群抗扰度检验。

a. 试验目的。检验试品对极短瞬态脉冲群的抗扰度，其产生原因主要是传导干扰并带有一定的辐射干扰。

b. 试验方法。按照 GB/T 17626.4—2018《电磁兼容 试验和测量技术 电快速瞬变脉冲群抗扰度试验》的规定执行，具体如下：

（a）试验设备参数见表 3-5。

表 3-5 试 验 设 备 参 数 表

脉冲上升时间	脉冲宽度	重复频率	脉冲持续时间	脉冲周期	试验时间
5ns（1±30%）	5ns（1±30%）	5、100kHz	100s	200s	2000s

（b）将试品放在厚度不小于0.1m的绝缘木块上，并连接电气接线和光纤。

（c）试验分两步进行：第一步，对于电源端口试验及对试品整体性能的一个测试考虑，试验测试时通过耦合夹在试品高压输入端耦合瞬变脉冲，让试品处于正常工作状态中，然后进行瞬变脉冲群试验。通过上位机界面观察瞬变脉冲群对整个试品运行的影响情况。第二步，对控制板卡性能进行考核，测试方法为通过电源输出将干扰信号耦合串入，试品处于正常工作状态后，进行瞬变脉冲群试验。通过上位机界面观察瞬变脉冲群对整个试品运行的影响情况。

c. 试验判据。干扰过程中产品无损坏、无异常事件记录，产品内部器件均能按照要求正常工作，干扰结束后产品工作正常，则记为通过。

4）浪涌（冲击）抗扰度试验。

a. 试验目的。检验电源是否具备承受浪涌（冲击）抗扰度的能力。

b. 试验方法。试验等级为4级。

试验方法按照GBT 17626.5的规定执行，将干扰信号串入板卡电源的输入端口。试验时，试品处于正常工作状态，通过上位机界面观察试品运行情况。

c. 试验判据。干扰过程中，产品无损坏、无异常事件记录，产品内部器件均能按照要求正常工作；干扰结束后，产品工作正常。

5）射频场感应的传导骚扰抗扰度。

a. 试验目的。检验电源对骚扰源作用下形成的电场和磁场的一种抗扰度。

b. 试验方法。按照GB/T 17626.6—2017《电磁兼容 试验和测量技术 射频场感应的传导骚扰抗扰度》的规定执行，具体如下：

（a）试验中电源口和信号口分别采用间接耦合和直接耦合的方式为试品提供传导干扰，射频传导感应传导器参数见表3-6。

表 3-6 射频传导感应传导器参数表

试验项目	频率范围	开路试验电平	步长
射频场感应的传导骚扰抗扰度试验	150kHz~80MHz（扫频）	20V	1%
	27MHz（点频）		
	68MHz（点频）		

（b）试验前，试品应距离参考接地平面上 0.1m 高的绝缘支架，全部被测电缆上应插入耦合和去耦装置，该装置距离受试设备 0.1～0.3m 处与参考平面间接触。

（c）试验分两步进行：第一步，高压端试验，通过耦合夹在试品高压输入端耦合传导脉冲，试品处于正常工作状态后，进行辐射传导试验。通过上位机观察试品是否工作正常。第二步，低压端试验，传导脉冲串联加在试品电源输出上，在试品处于正常工作状态后，进行射频传导试验。通过上位机界面观察脉冲群在整个电源上对试品运行状态的影响情况。

c. 试验判据。干扰过程中，产品无损坏、无异常事件记录，产品内部器件均能按照要求正常工作；干扰结束后，产品工作正常。

6）工频磁场抗扰度检验试验。

a. 试验目的。检验电源对附近导体中的工频电流或较为少见的由其他器件产生的磁场的抗扰度。

b. 试验方法。按照 GB/T 17626.8 的规定执行，具体如下：

（a）将试品放置于测试台上，设置工频电磁装置的参数见表 3-7。

表 3-7 工频电磁装置参数表

试验项目	磁场强度（A/m）	试验时间（s）
工频电磁场抗扰度试验（短时）	1000	3
稳定持续磁场试验	100	30

（b）连接供电电源，给试品输入端供电，使试品进入正常工作状态。

（c）试验需要在三个方向分别进行。

c. 试验判据。干扰过程中和干扰结束后，产品无损坏、无异常事件记录，性能正常，则记为通过。

7）脉冲磁场抗扰度试验。

a. 试验目的。检验电源受到规定的脉冲磁场抗扰度时功能是否正常。

b. 试验方法。按照 GB/T 17626.9—2011 中的规定执行，具体如下：

（a）将试品放置于测试台上，设置工频电磁装置参数如下：上升时间为 6.4μs（1±30%），持续时间为 16μs（1±30%），输出电流范围为 100～1000A，极性为正极性和负极性，脉冲磁场试验等级为 5 级。

（b）连接供电电源，给试品输入端供电，使试品处于正常工作状态。

（c）试验需要在三个方向分别进行。

c. 试验判据。干扰过程中和干扰结束后，产品无损坏、无异常事件记录，性能正常，则记为通过。

8）阻尼振荡磁场抗扰度试验。

a. 试验目的。检验试品受到规定的阻尼振荡抗扰度试验时功能是否正常。

b. 试验方法。按照 GB/T 17626.10—2017《电磁兼容 试验和测量技术 阻尼振荡磁场抗扰度试验》的规定执行，具体如下：

（a）将试品放置于测试台上，设置工频电磁装置参数如下：阻尼振荡磁场强度（单位为 A/m，峰值）：100A/m（100kHz、1MHz），试验等级为 5 级。

（b）连接供电电源，给试品输入端供电，使试品处于正常工作状态。

（c）试验需要在三个方向分别进行。

c. 试验判据。干扰过程中和干扰结束后，产品无损坏、无异常事件记录，性能正常，则记为通过。

9）阻尼振荡波抗扰度试验。

a. 试验目的。检验电源是否具备承受振荡波抗扰度的能力。

b. 试验方法。试验等级为 3 级，试验频率分别为 100kHz 和 1MHz，电压等级分别为共模 2kV、差模 1kV。

试验方法按照 GB/T 17626.18—2016 的规定执行，将干扰信号串入板卡电源的输入端口。试验时，试品处于正常工作状态，通过上位机界面观察试品运行情况。

c. 试验判据。干扰过程中，产品无损坏、无异常事件记录，产品内部器件均能按照要求正常工作；干扰结束后，产品工作正常。

3. 抗避雷器部分击穿电磁干扰试验

（1）试验目的。检验消能装置整机抗避雷器部分击穿过程中强电磁干扰的能力。

（2）试验方法。模拟电磁干扰源的避雷器（建议采用单柱）直接作为试验回路的一部分，进行额定电压 480kV 下的闪络操作，闪络次数不少于 3 次。而作为电磁干扰试品的测控回路电子电路应正常工作，并观察其工作运行状态。

如不采用上述方案，也可使用其他等效试验，但必须说明、论证试验方法的等效性。

（3）试验判据。

1）消能装置上安装的电子保护电路按照预期动作。

2）消能装置内部模拟量采样元件均能够正常工作，且不会发生接收到错误数据或错误的信号送到上级控制保护系统的情况。

3.4.2　高低温环境及老化试验

试品分别为电力电子单元（含控制保护板卡）及其他位于消能装置本体内的控制保护板卡等。该试验按照每台消能装置每种试品不少于一个的比例进行随机抽查。抽检后的电力电子单元控制保护板卡、快速机械开关单元控制保护板卡、慢速机械开关单元控制保护板卡及其他位于消能装置本体内的控制保护板卡不再出厂。

1. 高低温环境试验

（1）高温试验。

测试温度：70℃。

测试时间：高温恒温 2h 后，高温通电带载连续运行 72h。

测试方法：外接电源为试品供电。将试品放入温箱中，将温度调节至 70℃，恒温储存 2h；之后，令试品处于正常带载工作状态，高温连续运行 72h，且每 1h 完成一次关断或开通操作（关断和开通操作交替进行）。

运行过程中，实时通过上位机监测试品运行状态。

（2）低温试验。

测试温度：−10℃。

测试时间：低温恒温 2h 后，低温通电带载连续运行 72h。

测试方法：外接电源为试品供电。将试品放入温箱中，将温度调节至 −10℃，恒温储存 2h；之后，令试品处于正常带载工作状态，低温连续运行 72h，且每 1h 完成一次关断或开通操作（关断和开通操作交替进行）。

运行过程中，实时通过上位机监测试品运行状态。

2. 极限高温环境试验

测试温度：80℃。

测试湿度：60％。

测试时间：高温恒温 2h 后，高温通电带载连续运行 16h。

测试方法：外接电源为试品供电。将试品放入温箱中，将温度调节至 80℃，恒温储存 2h；之后，令试品处于正常带载工作状态，高温连续运行 16h，且每 1h 完成一次关断或开通操作（关断和开通操作交替进行）。

运行过程中，实时通过上位机监测试品运行状态。

3. 168h 老化试验

（1）试验目的。168h 高温老化试验用于验证试品长期运行各部件的可靠性。

（2）试验方案。按照功能试验连接测试工装与试品，将试品放入高温老化试验箱中，温度为 65℃，令试品处于正常带载工作状态，高温连续运行 168h，且每 1h 完成一次关断或开通操作（关断和开通操作交替进行）。

运行过程中，实时通过上位机监测试品运行状态。

3.4.3   抗震计算

采用支撑方案的消能装置整体及各主要构件安全系数应满足 GB 50260—2013《电力设施抗震设计规范》的要求。

3.5   部 件 试 验

3.5.1   快速机械开关试验

消能装置快速机械开关型式试验应遵照适用的 IEC 标准、中国国家标准（GB）、电力行业标准（DL）及国际单位制（SI）的相关规定，并至少包括但不限于表 3-8 所示标准。

表 3-8   快速机械开关型式试验参考标准

序号	标准号	标准名称
1	GB/T 311.1	绝缘配合 第 1 部分：定义、原则和规则
2	GB/T 16927	高电压试验技术
3	GB/T 7354	高电压试验技术 局部放电测量
4	GB/T 2900.20	电工术语 高压开关设备和控制设备

续表

序号	标准号	标准名称
5	GB/T 50260—2013	电力设施抗震设计规范
6	GB/T 13498—2017	高压直流输电术语
7	GB/T 1984	高压交流断路器
8	GB/T 11022	高压交流开关设备和控制设备标准的共用技术要求
9	GB 50150—2016	电气装置安装工程　电气设备交接试验标准
10	GB/T 25309—2010	高压直流转换开关
11	GB/T 13540—2009	高压开关设备和控制设备的抗震要求
12	GB/T 5273	高压电器端子尺寸标准化
13	GB/T 12022—2014	工业六氟化硫
14	GB/T 17626	电磁兼容　试验和测量技术
15	DL/T 5222—2021	导体和电器选择设计规程
16	DL/T 402	高压交流断路器
17	DL/T 593—2016	高压开关设备和控制设备标准的共用技术要求
18	IEC 62271-100	高压交流断路器

消能装置中快速机械开关型式试验应包括有关工业标准的全部型式试验，至少包含但不限于表 3-9 中试验项目。

表 3-9　　　　　　　　　　快速机械开关型式试验项目

序号	试验名称	试验方法	试品
1	绝缘试验	按照 GB/T 1984、DL/T 402	按照 GB/T 1984、DL/T 402、NB/T 42107
2	主回路电阻测量	按照 GB/T 1984、DL/T 402	按照 GB/T 1984、DL/T 402
3	短时耐受电流试验	依据技术规范要求	整机
4	防护等级验证	按照 GB/T 1984、DL/T 402	按照 GB/T 1984、DL/T 402
5	密封试验	按照 GB/T 1984、DL/T 402	按照 GB/T 1984、DL/T 402
6	电磁兼容试验	按照 GB/T 1984、DL/T 402	按照 GB/T 1984、DL/T 402
7	机械特性和机械操作试验	按照 GB/T 1984、DL/T 402	按照 GB/T 1984、DL/T 402
8	地震计算	依据技术规范要求	按照 GB/T 13540、DL/T 402
9	噪声水平测试	按照 GB/T 1984、DL/T 402	按照 GB/T 1984、DL/T 402
10	关合试验	按照 GB/T 1984、DL/T 402	按照 GB/T 1984、DL/T 402

1. 绝缘试验

（1）试验目的。试验是为了验证快速机械开关的额定值和性能，要求快速机械开关整机全形态进行试验。

（2）试验项目。试验项目包括端-端雷电冲击电压试验、端-地雷电冲击电压试验、端-端操作冲击电压试验、端-地操作冲击电压试验、端-端直流耐受电压试验和端-地直流耐受电压试验。

（3）试验方法。

1）端-端雷电冲击电压试验。串联断口处于分闸状态，一端与冲击发生器设备高压端连接，另一端接地。施加的雷电冲击电压为147kV，试验波形参数见表3-10。

表3-10 端-端雷电冲击电压试验波形参数

试验的描述	试验参量	规定的试验数值	试验公差/试验数值的限值	参考标准
雷电冲击电压试验	峰值	额定雷电冲击耐受电压	±3%	GB/T 16927.1—2011《高电压试验技术 第1部分：一般定义及试验要求》
	前波时间	1.2μs	±0.2μs	
	半峰值时间	50μs	±10μs	

正负极性各15次，雷电冲击电压试验后，非自恢复绝缘上无破坏性放电的发生，认为通过本试验。

2）端-地雷电冲击电压试验。串联断口处于合闸状态，断口连接冲击发生器高压端，底部接地铜排接地。施加的雷电冲击电压为575kV，波形参数见表3-11。

表3-11 端-地雷电冲击电压试验波形参数

试验的描述	试验参量	规定的试验数值	试验公差/试验数值的限值	参考标准
雷电冲击电压试验	峰值	额定雷电冲击耐受电压	±3%	GB/T 16927.1
	前波时间	1.2μs	±0.2μs	
	半峰值时间	50μs	±10μs	

正负极性各15次，雷电冲击电压试验后，非自恢复绝缘上无破坏性放电的发生，认为通过本试验。

3）端-端操作冲击电压试验。串联断口处于分闸状态，一端与冲击发生器设备高压端连接，另一端接地。施加的操作冲击电压为137kV，波形参数见表3-12。

表3-12　　　　　端-端操作冲击电压试验波形参数

试验的描述	试验参量	规定的试验数值	试验公差/试验数值的限值	参考标准
雷电冲击电压试验	峰值	额定雷电冲击耐受电压	±3%	GB/T 16927.1
	前波时间	250μs	±50μs	
	半峰值时间	2500μs	±500μs	

正负极性各15次，操作冲击电压试验后，非自恢复绝缘上无破坏性放电的发生，认为通过本试验。

4）端-地操作冲击电压试验。串联断口处于合闸状态，断口连接冲击发生器高压端，底部接地铜排接地。施加的操作冲击电压为500kV，波形参数见表3-13。

表3-13　　　　　端-地操作冲击电压试验波形

试验的描述	试验参量	规定的试验数值	试验公差/试验数值的限值	参考标准
雷电冲击电压试验	峰值	额定雷电冲击耐受电压	±3%	GB/T 16927.1
	前波时间	250μs	±50μs	
	半峰值时间	2500μs	±500μs	

正负极性各15次，操作冲击电压试验后，非自恢复绝缘上无破坏性放电的发生，认为通过本试验。

5）端-端直流耐受电压试验。串联断口处于分闸状态，一端与直流耐压设备高压端连接，另一端接地。施加的直流耐受电压为116kV，试验持续时间为60min。

正负极性各1次，直流耐受电压试验后，非自恢复绝缘上无破坏性放电的发生，认为通过本试验。

6）端-地直流耐受电压试验。串联断口处于合闸状态，断口连接直流耐压设备高压端，底部接地铜排接地。施加的直流耐受电压为225kV，试验持续时

40

间为 60min。

正负极性各 1 次，直流耐受电压试验后，非自恢复绝缘上无破坏性放电的发生，认为通过本试验。

（4）试验判据。按照 GB/T 16927.1 中要求完成绝缘试验后，非自恢复绝缘上无破坏性放电的发生，认为通过本试验。

2. 主回路电阻测量

（1）试验目的。为了验证开关产品电接触的装配程度，需要进行主回路电阻测量。

（2）试验方法。试验电流应该取 100A 到额定电流之间的任一方便的值，通过回路电阻测试仪进行主回路电阻测量。

（3）试验判据。出厂时测量得到的主回路电阻值满足厂家技术规范要求；在现场测量得到的主回路电阻值不高于出厂值的 120%。

3. 短时电流耐受试验

（1）试验目的。检验开关设备和控制设备的主回路和接地回路承载短时耐受电流的能力。

（2）试验方法。K 快速开关在合闸位置进行试验，短时耐受直流试验参数为 88kA/50ms。

（3）试验判据。

1）试验过程中，开关设备和控制设备应该能承受短时耐受电流，不得引起任何部件的机械损伤或触头分离。

2）试验后，机械开关装置应能进行空载操作，且触头应该在第一次操作时分开。

4. 防护等级验证

（1）试验目的。验证开关设备的防护能级是否满足设计要求。

（2）试验方法。按照 GB/T 4208 规定的要求，试验应该在和使用情况一样的、完全装配好的开关设备和控制设备的外壳上进行。

对于型式试验，通常不安装进入外壳的真实电缆连接，应该使用一段相应的填充物来模拟。试验时开关设备的运输单元应该用盖板封闭，盖板能提供和单元间的连接同一等级的防护性能。

5. 密封试验

（1）试验目的。产品整体漏气率不超过厂家技术规范允许漏气率（采用 SF_6 气体绝缘的产品）。

（2）试验方法。采用扣罩法，将试品整体封闭的塑料罩内，经过 24h 后，测定罩内示踪气体的浓度，并通过计算确定相应的漏气率。

（3）试验判据。年泄漏率不高于 0.5%。

6. 电磁兼容试验

（1）试验目的。为了验证开关的控制设备在复杂的电磁环境中能够可靠地运行，需要进行电磁兼容试验。

（2）试验项目。试验项目包括静电放电抗扰度试验、射频电磁场辐射抗扰度试验、电快速瞬变脉冲群抗扰度试验、浪涌（冲击）抗扰度试验、射频场感应的传导骚扰抗扰度、工频磁场抗扰度试验、脉冲磁场抗扰度试验、阻尼振荡磁场抗扰度试验和阻尼振荡波抗扰度试验。

（3）试验方法。

1）静电放电抗扰度试验。设备按照落地式设备进行试验，连接电源和光纤后对试品触发电路板端子分别进行接触放电和空气放电，其中接触放电的放电位置为控制板卡的金属外壳及光纤头外壳，空气放电的放电位置为控制板卡的信号线接头非金属部位，各放电部分放电次数均为 10 次，放电时间间隔为 1s，试品正常带电工作。

2）射频电磁场辐射抗扰度试验。整机部件置于暗室内并连接所有电气和光纤接线。设置试验设备参数见表 3-14。

表 3-14 射频电磁场试验设备参数

试验项目	场强（A/m）	频率（MHz）
射频电磁场	30	80～3000（扫频）
		80（点频）
		160（点频）
		380（点频）
		450（点频）
		900（点频）

试验过程中对试品进行一次触发操作，试验过程中试品工作正常。

3）电快速瞬变脉冲群抗扰度试验。按照落地式设备进行试验，试验设备参数见表3-15。

表3-15 电快速瞬变脉冲群试验设备参数

脉冲上升时间	脉冲宽度	重复频率	脉冲持续时间	脉冲周期	试验时间
5ns（1ns间时）	5ns（1ns间时）	5、100kHz	100s	200s	2000s

将试品放在绝缘木块上，并连接电气接线和光纤；试品处于正常工作状态后，进行瞬变脉冲群试验。通过上位机界面观察瞬变脉冲群对整个试品运行的影响情况。

4）浪涌（冲击）抗扰度试验。试验前对发生器的耦合/去耦网络进行验证、校准。按落地式设备试验，完成电气和光纤连接后，通过耦合/去耦网络施加的在试品电源输入端上的浪涌脉冲次数为正、负极性各5次，电压等级为4kV的浪涌脉冲，波前时间1.2脉（1.2脉冲），半峰值时间50峰（10峰值时）；连续脉冲间的时间间隔为1min或更短。试验过程中试品工作正常。

5）射频场感应的传导骚扰抗扰度。试验中电源口和信号口分别采用间接耦合和直接耦合的方式为试品提供传导干扰，射频传导感应传导器参数见表3-16。

表3-16 射频传导感应传导器参数

试验项目	频率范围	开路试验电平	步长
射频场感应的传导骚扰抗扰度试验	150kHz～80MHz（扫频）	20V	1%
	27MHz（点频）		
	68MHz（点频）		

在试品处于正常工作状态后，进行射频传导试验。试验过程中试品工作正常。

6）工频磁场抗扰度试验。将试品放置于测试台上，设置工频电磁装置的参数见表3-17。

表3-17 工频电磁装置的参数

试验项目	磁场强度（A/m）	试验时间（s）
工频电磁场抗扰度试验（短时）	1000	3
稳定持续磁场试验	100	30

连接供电电源，给试品输入端供电，试验过程中试品工作正常。

7）脉冲磁场抗扰度试验。采用浸入法对受试设备施加试验磁场，将试品放置于测试台上，设置电磁装置输出电流脉冲磁场强度（峰值）为 1000A/m，极性为正极性和负极性，脉冲磁场试验等级为 4 级。

设备应处于标准规定的适当大小的感应线圈所产生的试验磁场中，重复进行，至少进行 5 次正极性脉冲和 5 次负极性脉冲试验，脉冲之间的时间间隔应不小于 10s，试验过程中试品工作正常。

8）阻尼振荡磁场抗扰度试验。

a. 采用浸入法对受试设备施加试验磁场，将试品放置于测试台上，设置电磁装置参数如下：阻尼振荡磁场强度（单位为 A/m，峰值）：100A/m（100kHz、1MHz），持续时间 2s，对于频率为 100kHz 的试验，其重复频率至少为 40Hz，对于 1MHz 其重复频率至少为 400Hz，试验等级为 4 级。

b. 连接供电电源，给试品输入端供电，使试品处于正常工作状态。

c. 试验需要在三个方向分别进行。

9）阻尼振荡波抗扰度试验。试验时间为 6 次持续 10s 的脉冲，触发时间 2s，对于频率为 100kHz 的试验，其重复频率至少为 40Hz；对于频率为 1MHz 的试验，其重复频率至少为 400Hz，电压等级分别为共模 2kV、差模 1kV。

通过耦合/去耦网络在试品电源输入端口端耦合传导阻尼振荡，试品处于正常工作状态后，进行试验。

7. 机械特性和机械操作试验

（1）试验目的。为了验证快速机械开关机械性能的一致性。

（2）试验方法。在断路器触头系统中或与驱动触头系统直接连接的位置安装一个行程传感器，采用开关特性测试仪直接记录机械行程特性，并且可以测得相应的分合闸速度和真空灭弧室动触头合闸弹跳时间。进行测试之前首先记录机械行程特性、分合闸速度和动触头合闸弹跳时间，进行 3000 次分合操作，每 1000 次操作复测开关的机械行程特性，得到的机械行程特性、分合闸速度和动触头合闸弹跳时间应满足判据要求的值。操作步骤见表 3-18。

表 3-18   操 作 步 骤

操作循序	第一轮	第二轮	第三轮
分—t—合—t	500	500	500
合分—0.3 s—合分	250	250	250

注 t 表示两次操作之间的时间间隔。对断路器恢复到起始状态和/或防止断路器的某些部件过热（这个时间可以根据操作的类型而不同）是有必要的。

（3）试验判据。

1）合闸时间不大于 5ms。

2）分闸时间不大于 20ms。

分闸时间、分闸速度、合闸速度符合产品技术条件要求。

8. 地震计算

（1）试验目的。检验开关设备的结构是否符合抗震等级的要求。

（2）试验方法。按 GB/T 13540—2009、GB 50260—2013 和 Q/GDW 11132—2013 的规定进行相应抗震等级，由第三方机构进行仿真校核或出具计算报告。

9. 噪声水平测试

（1）试验目的。检验开关设备的噪声水平。

（2）试验方法。在离地高 1～1.5m、距声源设备外沿垂直面的水平距离为 2m 处进行噪声测量。

（3）试验判据。测得的噪声水平不得超过 90dB。

10. 关合试验

（1）试验目的。检验快速机械开关是否具备关合规定的短路电流的能力。

（2）试验方法。关合交流电流 63kA，8 次。

受试验回路限制，建议采用交流电流进行关合试验，电流采用交流电流等效要求的直流电流波形。等效的原则为保证产品在关合后发生预击穿时间段内的电弧能量不小于上面给定直流波形中的电弧能量。具体步骤如下：

1）确定产品的预击穿时间，该时间由厂家提供或在试验室进行全电压小电流的关合试验来确定。

2）根据确定的预击穿试验计算以上直流波形中对应时间段的电弧能量，以此能量为基础计算等效的交流电流需求有效值。

3）以确认的交流电流有效值进行全电压合成关合试验。

（3）试验判据。

1）试验后，开关设备和控制设备不应存在明显的损坏。

2）试验后，开关设备应能进行空载操作，且触头应该在第一次操作时分开。

3.5.2 慢速机械开关试验

消能装置慢速机械开关（即旁路开关 K2）型式试验应遵照适用的 IEC 标准、中国国家标准（GB）、电力行业标准（DL）及国际单位制（SI）的相关规定，并至少包括但不限于表 3-19 所示标准。

表 3-19　　　　　　　　慢速机械开关型式试验参考标准

序号	标准号	标准名称
1	GB/T 311.1	绝缘配合　第 1 部分：定义、原则和规则
2	GB/T 16927	高电压试验技术
3	GB/T 7354	高电压试验技术　局部放电测量
4	GB/T 2900.20	电工术语　高压开关设备和控制设备
5	GB 50260—2013	电力设施抗震设计规范
6	GB/T 13498—2017	高压直流输电术语
7	GB/T 1984	高压交流断路器
8	GB/T 11022	高压交流开关设备和控制设备标准的共用技术要求
9	GB 50150—2016	电气装置安装工程　电气设备交接试验标准
10	GB/T 25309—2010	高压直流转换开关
11	GB/T 13540—2009	高压开关设备和控制设备的抗震要求
12	GB/T 5273	高压电器端子尺寸标准化
13	GB/T 12022—2014	工业六氟化硫
14	GB/T 17626	电磁兼容　试验和测量技术
15	DL/T 5222—2021	导体和电器选择设计规程
16	DL/T 402	高压交流断路器
17	DL/T 593—2006	高压开关设备和控制设备标准的共用技术要求
18	IEC 62271-100	高压交流断路器

消能装置中慢速机械开关型式试验应包括有关工业标准的全部型式试验，

至少包含但不限于表 3-20 中试验项目。

表 3-20 慢速机械开关型式试验项目

序号	试验名称	试验方法	试品
1	绝缘试验	按照 GB/T 1984、DL/T 402	按照 GB/T 1984、DL/T 402、NB/T 42107
2	主回路电阻测量	按照 GB/T 1984、DL/T 402	按照 GB/T 1984、DL/T 402
3	短时耐受电流试验	按照技术规范的要求	整机
4	防护等级验证	按照 GB/T 1984、DL/T 402	按照 GB/T 1984、DL/T 402
5	密封试验	按照 GB/T 1984、DL/T 402	按照 GB/T 1984、DL/T 402
6	机械特性和机械操作试验	按照 GB/T 1984、DL/T 402	按照 GB/T 1984、DL/T 402
7	地震计算	依据技术规范要求	按照 GB/T 1984、DL/T 402
8	噪声水平测试	按照 GB/T 1984、DL/T 402	按照 GB/T 1984、DL/T 402
9	阻性电流开断测试	按照 GB/T 1984、DL/T 402	按照 GB/T 1984、DL/T 402
10	端子静负载试验	按照 GB/T 1984、DL/T 402	按照 GB/T 1984、DL/T 402

1. 绝缘试验

（1）试验目的。试验是为了验证慢速机械开关的额定值和性能，要求慢速机械开关整机全形态进行试验。

（2）试验项目。试验项目包括端-端雷电冲击电压试验、端-地雷电冲击电压试验、端-端操作冲击电压试验、端-地操作冲击电压试验、端-端直流耐受电压试验和端-地直流耐受电压试验。

（3）试验方法。

1）端-端雷电冲击电压试验。串联断口处于分闸状态，一端与冲击发生器设备高压端连接，另一端接地。施加的雷电冲击电压为 142kV，波形参数见表 3-21。

表 3-21 端-端雷电冲击电压试验波形参数

试验的描述	试验参量	规定的试验数值	试验公差/试验数值的限值	参考标准
雷电冲击电压试验	峰值	额定雷电冲击耐受电压	$\pm 3\%$	GB/T 16927.1
	前波时间	$1.2\mu s$	$\pm 0.2\mu s$	
	半峰值时间	$50\mu s$	$\pm 10\mu s$	

正负极性各 15 次，雷电冲击电压试验后，非自恢复绝缘上无破坏性放电的发生，认为通过本试验。

2）端-地雷电冲击电压试验。串联断口处于合闸状态，断口连接冲击发生器高压端，底部接地铜排接地。施加的雷电冲击电压为 575kV，波形参数见表 3-22。

表 3-22　　　　　　　端-地雷电冲击电压试验波形参数

试验的描述	试验参量	规定的试验数值	试验公差/试验数值的限值	参考标准
雷电冲击电压试验	峰值	额定雷电冲击耐受电压	±3%	GB/T 16927.1
	前波时间	1.2μs	±0.2μs	
	半峰值时间	50μs	±10μs	

正负极性各 15 次，雷电冲击电压试验后，非自恢复绝缘上无破坏性放电的发生，认为通过本试验。

3）端-端操作冲击电压试验。串联断口处于分闸状态，一端与冲击发生器设备高压端连接，另一端接地。施加的操作冲击电压为 138kV，波形参数见表 3-23。

表 3-23　　　　　　　端-端操作冲击电压试验波形参数

试验的描述	试验参量	规定的试验数值	试验公差/试验数值的限值	参考标准
雷电冲击电压试验	峰值	额定雷电冲击耐受电压	±3%	GB/T 16927.1
	前波时间	250μs	±50μs	
	半峰值时间	2500μs	±500μs	

正负极性各 15 次，操作冲击电压试验后，非自恢复绝缘上无破坏性放电的发生，认为通过本试验。

4）端-地操作冲击电压试验。串联断口处于合闸状态，布置于绝缘平台上，断口连接冲击发生器高压端，绝缘平台底部接地铜排接地。施加的操作冲击电压为 500kV，波形参数见表 3-24。

表 3-24　　　　　　　　　　端-地操作冲击电压试验波形参数

试验的描述	试验参量	规定的试验数值	试验公差/试验数值的限值	参考标准
雷电冲击电压试验	峰值	额定雷电冲击耐受电压	±3%	GB/T 16927.1
	前波时间	250μs	±50μs	
	半峰值时间	2500μs	±500μs	

正负极性各 15 次，操作冲击电压试验后，非自恢复绝缘上无破坏性放电的发生，认为通过本试验。

5）端-端直流耐受电压试验。串联断口处于分闸状态，一端与直流耐压设备高压端连接，另一端接地。施加的直流耐受电压为 117kV，试验持续时间为 60min。

正负极性各 1 次，直流耐受电压试验后，非自恢复绝缘上无破坏性放电的发生，认为通过本试验。

6）端-地直流耐受电压试验。串联断口处于合闸状态，布置于绝缘平台上，断口连接直流耐压设备高压端，绝缘平台底部接地铜排接地。施加的直流耐受电压为 165kV，试验持续时间为 60min。

正负极性各 1 次，直流耐受电压试验后，非自恢复绝缘上无破坏性放电的发生，认为通过本试验。

（4）试验判据。按照 GB/T 16927.1 中要求完成绝缘试验后，非自恢复绝缘上无破坏性放电的发生，认为通过本试验。

2. 主回路电阻测量

（1）试验目的。为了验证开关产品电接触的装配程度，需要进行主回路电阻测量。

（2）试验方法。试验电流应该取 100A 到额定电流之间的任一方便的值，通过回路电阻测试仪进行主回路电阻测量。

（3）试验判据。出厂时测量得到的主回路电阻值满足厂家技术规范要求；在现场测量得到的主回路电阻值不高于出厂值的 120%。

3. 短时电流耐受试验

（1）试验目的。检验开关设备和控制设备的主回路和接地回路承载短时耐受电流的能力。

（2）试验方法。根据控制时序，快速开关在合闸 55ms 后分闸，常规开关开始承受故障电流的要求，考虑到最为苛刻的工况，即常规开关在 C 点开始承受故障电流，经历 D 点到 E 点的电流衰减，维持时间小于 1s，因此可以按照 C、E 点能量等效的方法进行试验，其中 C、E 点之间的能量等效为交流有效值 63kA/6s。

（3）试验判据。

1）试验过程中，开关设备和控制设备应能承受短时耐受电流，不得引起任何部件的机械损伤或触头分离。

2）试验后，机械开关装置应能进行空载操作，且触头应该在第一次操作时分开。

4. 防护等级验证

（1）试验目的。验证开关设备的防护能级是否满足设计要求。

（2）试验方法。按照 GB/T 4208 规定的要求，试验应该在和使用情况一样的、完全装配好的开关设备和控制设备的外壳上进行。

对于型式试验，通常不安装进入外壳的真实电缆连接，应该使用一段相应的填充物来模拟。试验时开关设备的运输单元应该用盖板封闭，盖板能提供和单元间的连接同一等级的防护性能。

5. 密封试验

（1）试验目的。产品整体漏气率不超过厂家技术规范允许漏气率（如采用 SF_6 气体绝缘的产品）。

（2）试验方法。采用扣罩法，将试品整体封闭的塑料罩内，经过 24h 后，测定罩内示踪气体的浓度，并通过计算确定相应的漏气率。

（3）试验判据。年泄漏率不高于 0.5％。

6. 机械特性和机械操作试验

（1）试验目的。为了验证快速机械开关机械性能的一致性。

（2）试验方法。在断路器触头系统中或与驱动触头系统直接连接的位置安装一个行程传感器，采用开关特性测试仪直接记录机械行程特性，并且可以测得相应的分合闸速度和真空灭弧室动触头合闸弹跳时间。进行测试之前首先记录机械行程特性、分合闸速度和动触头合闸弹跳时间，进行 5000 次分合操作，每 2000 次操作复测开关的机械行程特性，得到的机械行程特性、分合闸速度和动触头合闸弹跳时间应满足判据要求的值。断路器机械特性操作步骤见表 3-25。

表 3-25 断路器机械特性操作步骤

操作循序	第一轮（次）	第二轮（次）	第三轮（次）
分—t—合—t	1500	1500	1500
合分—0.3 s—合分	250	250	250

注 t 表示两次操作之间的时间间隔。对断路器恢复到起始状态和/或防止断路器的某些部件过热（这个时间可以根据操作的类型而不同）是有必要的。

（3）试验判据。

1）合闸时间不大于 25ms。

2）分闸时间、分闸速度、合闸速度符合产品技术条件要求。

7. 地震计算

（1）试验目的。检验开关设备的结构是否符合抗震等级的要求。

（2）试验方法。按 GB/T 13540—2009、GB 50260—2013 和 Q/GDW 11132—2013 的规定进行相应抗震等级，由第三方机构进行仿真校核或出具计算报告。

8. 噪声水平测试

（1）试验目的。检验开关设备的噪声水平。

（2）试验方法。在离地高 1～1.5m、距声源设备外沿垂直面的水平距离为 2m 处进行噪声测量。

（3）试验判据。测得的噪声水平不得超过 90dB。

9. 阻性电流开断试验

（1）试验方法。C1 为试验电容器组，回路负载为电阻 R1，通过开关 FK 控制 C1 的放电，利用调整 R1 值来改变回路电流，从而测试断路器的开断直流阻性电流能力。

（2）试验参数。试验电源采用 10A/85kV（直流）、正负极性各 5 次。

（3）试验回路。试品前串入辅助开关当作合闸开关使用，电阻接在试品低压端，分流器接在地端，如图 3-2 所示。

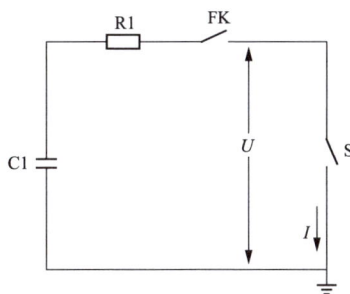

图 3-2 试验回路原理

U—用来测量开断后的恢复电压；
I—用来测量试品的开断电流

测量试品开断起始时刻的直流电流值作为开断电流参数。

3.5.3 避雷器试验

消能装置中所有避雷器型式试验均应遵照适用的 IEC 标准、中国国家标准（GB）、电力行业标准（DL）及国际单位制（SI）的相关规定，并至少包括但不限于表 3-26 所示标准。

表 3-26 避雷器型式试验参考标准

序号	标准号	标准名称
1	GB/T 311.1	绝缘配合 第1部分：定义、原则和规则
2	GB/T 11032	交流无间隙金属氧化物避雷器
3	GB/T 16927	高电压试验技术
4	GB/T 7354	高电压试验技术 局部放电测量
5	DL/T 11604	高压电气设备无线电干扰测试方法
6	GB 50150	电气装置安装工程 电气设备交接试验标准
7	IEC 815	污秽条件下绝缘子使用导则
8	IEC 99-3	避雷器的人工污秽试验
9	IEC 60099-9	交流系统用无间隙氧化锌避雷器
10	CIGRE TC33/14.05	直流换流站无间隙氧化锌避雷器应用导则
11	GB/T 22389	高压直流换流站无间隙金属氧化物避雷器导则
12	DL/T 1156—2012	串联补偿装置用金属氧化物限制器

消能装置中所有避雷器型式试验应包含有关工业标准的全部型式试验，至少包含但不限于表 3-27 中试验项目。

表 3-27 避雷器型式试验项目

序号	试验项目	IEC 60099-9	GB/T 11032—2020	备注
1	绝缘耐受试验	9.2	8.2	可控部分与固定元件都进行
2	短路试验	9.3	8.10	可控部分与固定元件如果结构一致，可按标准选择任意元件进行试验
3	内部局部放电试验	9.4	8.21	可控部分与固定元件均进行
4	弯曲负荷试验	9.5		可控部分与固定元件如果结构一致，可按标准选择其一进行试验
5	环境试验	9.6		不进行
6	气候老化试验	9.7		不进行

续表

序号	试验项目	IEC 60099-9	GB/T 11032—2020	备注
7	密封试验	9.8	8.13	可控部分与固定元件均进行试验
8	无线电干扰试验	9.9	8.14	可控部分与固定元件整体进行
9	残压试验	9.10	8.3	可控部分与固定元件都进行
10	长期稳定性试验	9.11		
11	重复转移电荷试验	9.12		
12	试品的散热特性	9.13		
13	验证额定热能量试验	9.14		
14	内部元件的绝缘耐受试验	9.15		
15	内部均压元件试验	9.16		
16	外观检查		9.2.1	
17	爬电距离检查		8.23	
18	阻性电流试验		8.17	可不进行
19	工频参考电压试验		8.18	可不进行
20	直流参考电压试验		8.19	
21	0.75倍直流参考电压下泄漏电流		8.20	
22	电流分布试验		8.22	
23	热机和沸水煮试验			不进行
24	人工污秽试验			不进行
25	避雷器的散热特性试验			特殊试验
26	运行电压下的泄漏电流试验			特殊试验
27	电压分布试验			特殊试验
28	额定能量试验			特殊试验

1. 长期稳定性试验

（1）试验按 IEC 60099-9：2014 中 9.11.3 进行。

（2）试验施加直流电源，荷电率应不低于 95%。

（3）试验前后测量试品的电流分布。

2. 重复转移电荷试验

（1）试验试品。

1）制造厂提供全部可用电阻片清单（不小于供货避雷器），由监造方或试验方随机抽取，总量不少于 50 片，每批次不少于 5 片。

2）测量每只电阻片的直流参考电压和 10kA 雷电冲击电流下的残压。

3）根据试验设备能力，随机抽取的电阻片组装成比例单元，每个比例单元采用单片结构。

4）比例单元应尽可能封闭安装。

5）比例单元预加热到不低于环境温度＋10℃。

（2）试验程序。

1）试验用方波或正弦半波冲击电流的持续时间（不小于幅值的5%）应与工程实际接近或不小于50ms。

2）每组比例单元均应承受20次电流冲击，按2次冲击为一组共10组进行，每组内的冲击之间的时间间隔为50～60s，每组之间的时间间隔要足以使其冷却到环境温度。

3）每次冲击中，任意一个电阻片吸收的电荷量应不小于制造厂设计电荷量的1.1倍。

4）测量每个电阻片的直流参考电压和10kA雷电冲击电流下的残压。

（3）试验判据。

1）无机械损坏痕迹（击穿、闪络或开裂）。

2）试验前后（在相同温度±3K下测量），参考电压的变化不超过±5%。

3）在10kA放电电流下试验前后残压变化不超过±5%。

4）通过了最后一次施加的8/20μs的电流冲击，其幅值至少是20kA，且无机械损坏。

5）如果上述判据满足，金属电极的烧蚀或电弧灼伤现象不认为是机械损伤。

（4）试验未通过处理办法。

1）如果试验中有两个以上的电阻片未能通过，则电阻片的设计能量值应至少降低10%，重新进行上述试验。

2）如果试验中有1个电阻片未能通过，可以重选试品，重复进行上述试验，如无电阻片损坏则试验通过，但损坏试品所在批次电阻片不得投入工程使用。

3.验证额定热能量试验

（1）试验试品。

1）试品从已进行重复转移电荷试验的试品中选取，至少3组比例单元。

2）根据试验设备能力，组装成3个比例单元。

3）测量每个比例单元在雷电冲击电流下的电流分布。试验电流值不超过工程中实际电流值。

（2）试验程序。

1）比例单元加热到不低于60℃准备试验。

2）试验中注入能量用方波或正弦半波，冲击电流的持续时间应与工程实际接近或不小于50ms；任意一个电阻片吸收的能量应不小于制造厂设计能量。

3）注入能量后100ms内，施加直流电压（100％荷电率）。电流的阻性分量或功率耗散或温度或其任意组合应被进行监测且历时至少30min。30min内如能证明试品以达到热稳定，则试验结束，否则应继续施加直流电压（82％荷电率），直至测量值明显减少（通过），但不少于30min或出现明显的热崩溃现象（不通过）。

4）测量每个电阻片的直流参考电压和10kA雷电冲击电流下的残压。

（3）试验判据。

1）热恢复已得以验证。

2）无明显机械损坏。

3）残压在试验前后在10kA放电电流下的任何变化都在±5％以内。

4）试验前后（在相同温度±3K下测量），参考电压的变化不超过±5％。

4. 内部元件的绝缘耐受试验

（1）试验按照IEC 60099-9：2014中9.15进行。

（2）试验波形是4/10μs。

（3）试验设备允许时，试品的参考电压尽可能高。

（4）温度提高到100℃或60℃与设计温升之和，取高值。

5. 电流分布

（1）试验按照GB/T 34869—2017中附录D的方法2进行，也可以由制造厂自行制订试验方法，但应有严格的理论推导能证明试验方法合理。

（2）试验电流波形按30/60μs，试验电流值应不大于工程实际电流值。

6. 避雷器的散热特性试验

（1）选择单位长度装有电阻片最多的元件，置于环境温度为20℃±15K的静止空气中，试验过程中环境温度变化应保持±3K以内。

（2）测量点应足够多以便计算出平均温度，或者制造商可以仅选择距顶部距离为避雷器或避雷器元件长度的1/2～1/3之间的一点作为测温点。

（3）通过施加幅值大于工频参考电压的工频电压，使电阻片温度加热到至少140℃或设计的最高温度，取高值。

（4）温度到达最高温度后，施加相应的持续运行电压，直至温度降低到环境温度或至少 2h。

（5）应绘制出温度-时间曲线。

（6）仅提供试验数据，不做是否通过的判断。

7. 运行电压下的泄漏电流试验

试品为整只避雷器或全部避雷器元件，应在持续运行电压下测量避雷器的泄漏电流，泄漏电流上限值由制造厂规定，试验方法应符合 GB/T 11032—2020《交流无间隙金属氧化物避雷器》中的规定。

8. 电压分布试验

如整只避雷器可控部分和固定元件并联数量及结构一致，可不进行该试验。

试品为整只避雷器。

施加持续运行电压，测量可控部分和固定元件分别承担的电压。

各部分内部按均匀分布考虑，电阻片承担的荷电率应不高于 82%。

9. 额定能量试验

（1）制造厂提供全部可用电阻片清单（不小于供货避雷器），由监造方或试验方随机抽取，总量不少于 50 片，每批次不少于 5 片。

（2）对每个电阻片注入足以使电阻片破坏的能量，直至电阻片破坏；应尽可能一次性注入全部能量，如果受试验条件限制，可以分两次或三次注入。

（3）试验用方波或正弦半波冲击电流的持续时间（不小于幅值的 5%）应与工程实际接近，或不小于 50ms。

（4）统计所有电阻片破坏前吸收的能量值，并按其概率分布函数符合正态分布考虑，求出电阻片能量破坏值的平均值和标准偏差，据此求出电阻片在小于某一能量时破坏的概率。

（5）电阻片在某一能量下破坏概率小于十万分之一时，将该能量定义为直流消能装置电阻片的额定能量。

（6）如根据正态分布函数，当平均破坏值为 μ，标准偏差为 5% 以内时，额定能量为 $W=\mu-4.3\times\sigma$。（根据标准正态分布表）

（7）制造商也可以选用其他合理的概率分布函数，得到电阻片的额定能量。

（8）如按本方法得到的额定能量大于重复转移电荷试验中确定的能量，则将后者定义为电阻片的额定能量。

10. 电阻片能量筛选

（1）内部工艺文件筛选。

1）试品为全部电阻片。

2）电阻片应以生产批次为单位，严格按照制造厂内部工艺文件进行能量筛选试验。

3）以能量筛选前为基准，能量筛选后电阻片合格率低于97%时，该批次电阻片不允许投入消能装置使用。

（2）二次筛选。

1）按制造厂工艺文件完成全部试验，可以投入装配的电阻片，应进行第二次能量筛选。

2）筛选试验可以用不短于10ms的冲击放电电流，也可以使用工频或直流电压。注入能量应不小于电阻片的额定设计能量。

3）二次筛选合格率100%时，该批次电阻片可以投入消能装置使用。

4）二次筛选合格率低于99.5%时，该批次电阻片不允许投入消能装置使用。

5）二次筛选合格率低于100%但不低于99.5%时，该批次电阻片应进行第三次筛选。

（3）三次筛选。

1）筛选试验用电流或电压波形与二次筛选保持一致。

2）第三次筛选合格率100%时，该批次电阻片可以投入消能装置使用，否则该批次电阻片不允许投入消能装置使用。

电阻片能量筛选流程如图3-3所示。

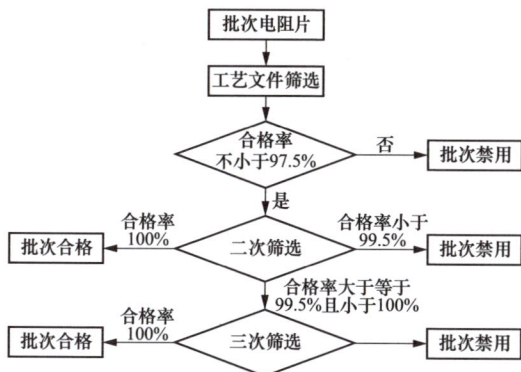

图 3-3　电阻片能量筛选流程

3.5.4　消能装置控制、保护和监视设备型式试验

消能装置控制、保护和监视设备型式试验应遵照适用的 IEC 标准、中国国家标准（GB）、电力行业标准（DL）及国际单位制（SI）的相关规定，并至少包括但不限于表 3-28 所示标准。

表 3-28　　　　消能装置控制、保护和监视设备型式试验参考标准

序号	标准号	标准名称
1	GB/T 4208	外壳防护等级（IP 代码）
2	GB/T 15532—2008	计算机软件测试规范
3	GB/T 14537	量度继电器和保护装置的冲击和碰撞试验
4	GB/T 14598.26	量度继电器和保护装置　第 26 部分：电磁兼容要求
5	GB/T 2423	环境试验　第 2 部分：试验方法
6	GB/T 14285	继电保护和安全自动装置技术规程
7	GB 50171	电气装置安装工程盘、柜及二次回路接线施工及验收规范
8	GB/T 2887	计算机场地通用规范
9	GB/T 6587	电子测量仪器通用规范
10	GB/T 13729	远动终端设备
11	GB/T 17626	电磁兼容　试验和测量技术
12	DL/T 634	远动设备及系统
13	DL/T 667—1999	远动设备及系统　第 5 部分：传输规约　第 103 篇：继电保护设备信息接口配套标准
14	DL/T 5128	220kV～500kV 变电所设计技术规程
15	GB/T 14598.3	电气继电器　第 5 部分：量度继电器和保护装置的绝缘配合要求和试验
16	DL/T 478	继电保护和安全自动装置通用技术条件
17	GB/T 7261	继电保护和安全自动装置基本试验方法
18	GB/T 11287	电气继电器　第 21 部分：量度继电器和保护装置的振动、冲击、碰撞和地震试验　第 1 篇：振动试验（正弦）
19	IEC 61000-4	电磁兼容　试验和测量技术　系列标准
20	GB/T 50062	电力装置的继电保护和自动装置设计规范
21	Q/GDW 628—2011	换流站直流系统保护装置标准化规范
22	Q/GDW 629—2011	换流站直流主设备非电量保护技术规范

消能装置控制、保护和监视设备型式试验应包括有关工业标准的全部型式试验，至少包括但不限于表 3-29 中试验项目。

表 3-39　　消能装置控制、保护和监视设备型式试验项目

序号	试验类型	试验项目	试验要求及判据
1	EMC 试验	阻尼振荡波抗扰度试验	参照 GB/T 17626、GB/T 14598 等标准
2		静电放电抗扰度试验	
3		射频电磁场辐射抗扰度试验	
4		电快速瞬变脉冲群抗扰度试验	
5		浪涌（冲击）抗扰度试验	
6		工频磁场抗扰度试验	
7		脉冲磁场抗扰度试验	
8		阻尼振荡磁场抗扰度试验	
9		射频场感应的传导骚扰抗扰度	
10		传导发射试验	参照 IEC 61000、CIS-PR11 等标准
11		射频发射试验	
12	高低温环境及老化试验	高低温环境试验	
13		极限高温环境试验	
14		168 小时老化试验	
15	气候环境试验	高温贮存试验	参照 GB/T 2423.4—2008、GB 14598.27 等标准
16		低温贮存试验	
17		湿热试验	
18		交变湿热试验	
19	直流电源影响试验	电压暂降试验	参照 DL/T 478—2013 等标准
20		电压中断试验	
21		电源纹波影响试验	
22		缓慢启动/缓慢关断试验	
23		直流电源极性反接试验	
24		直流电源分断	
25		频率影响试验	
26		辅助电源影响试验	
27		辅助电源峰值涌流试验	
28	绝缘性能试验	绝缘电阻	参照 GB/T 14598.27—2017《量度继电器和保护装置　第27部分：产品安全要求》、GB/T 7261—2016 等标准
29		介质强度	
30		冲击电压	

序号	试验类型	试验项目	试验要求及判据
31	机械试验	振动试验	参照 GB/T 14598.27—2017《量度继电器和保护装置 第 27 部分：产品安全要求》等标准
32		冲击试验	
33		碰撞试验	
34		地震试验	
35	单屏试验	外观检查	参照 GB/T 7261—2016 等标准
36		软硬件设置检查	
37		电气电路检查	
38		电源偏差试验	
39	分系统试验	通信电路检查	
40		联锁逻辑检查	
41		控制保护信号测试	
42		接口试验	

3.5.5 电力电子开关试验

消能装置电力电子开关例行试验应遵照适用的 IEC 标准、中国国家标准（GB）、电力行业标准（DL）及国际单位制（SI）的相关规定，并至少包括但不限于表 3-30 所示标准。

表 3-30　　　　　　　电力电子开关型式试验参考标准

序号	标准号	标准名称
1	GB/T 311.1	绝缘配合 第 1 部分：定义、原则和规则
2	GB/T 16927	高电压试验技术
3	GB/T 7354	高电压试验技术 局部放电测量
4	GB/T 2900.20	电工术语 高压开关设备和控制设备
5	GB 50260—2013	电力设施抗震设计规范
6	GB 50150	电气装置安装工程 电气设备交接试验标准
7	GB/T 13498—2017	高压直流输电术语
8	GB/T 20990.1—2020	高压直流输电晶闸管阀 第 1 部分：电气试验
9	GB/T 33348—2016	高压直流输电用电压源换流阀 电气试验
10	IEC 60700-1—1998	Thyristor valves for high voltage direct current (HVDC) power transmission —Part 1：Electrical testing

　　消能装置中电力电子开关试验应至少包含但不限于表 3-31 中试验项目，试验应按本节要求进行，并满足上述标准的要求。当所列标准之间、所列标准与本节要求之间存在不一致时，以较高要求为准。

表 3-31　　　　　　　　　　　　电力电子开关型式试验项目

序号	试验项目	
1	端间绝缘试验	直流耐压试验
		操作冲击试验
		雷电冲击试验
2	对地绝缘试验	直流耐压试验
		操作冲击试验
		雷电冲击试验
3	故障电流试验	依据技术规范书要求

　　1. 端间绝缘试验

　　(1) 试验目的。试验是为了验证阀的额定值和性能，要求阀整体进行试验。

　　在电力系统中，阀要受到各种电压的作用，包括端间直流耐压、操作冲击电压和雷电冲击电压，为了确保产品能够耐受各种工况下的电压，阀需要有足够的绝缘强度，以确保安全可靠地运行。

　　(2) 试验方法。

　　1) 直流耐压试验。在试品两个主端子之间从不大于 1min 试验电压（117kV）的 50% 开始升压，升压过程中记录起晕电压值，升至 U_{tds1}，保持 1min；再降至 1h 试验电压（86kV），保持 1h，并观察试验过程中是否有击穿或者闪络。

　　用相反极性电压重复上述试验。在重复试验之前，支架应当短路并接地最少 2h。

　　2) 冲击电压试验。操作冲击试验和雷电冲击试验通过冲击发生设备产生要求的电压，试品一端与冲击发生器设备高压端连接，另一端接地。试验按照 GB/T 16927.1 中相关要求进行。

　　雷电冲击试验电压：147kV。

　　雷电冲击试验波形：参照 GB/T 16927.1 中的标准雷电冲击电压波形。

　　雷电冲击试验次数：正负极性各 3 次。

操作冲击试验电压：137kV。

操作冲击试验波形：参照 GB/T 16927.1 中的标准操作冲击电压波形。

操作冲击试验次数：正负极性各 3 次。

（3）试验判据。

1）阀端间能够耐受相应试验电压，不发生闪络或击穿。

2）阀各部分均不能发生误动作，非自恢复绝缘上无破坏性放电的发生，无器件损坏。

2. 对地绝缘试验

（1）试验目的。试验是为了验证阀对地的耐压性能。

在电力系统中，阀对地要受到各种电压的作用，包括端地直流耐压、雷电冲击电压和操作冲击电压，为了确保产品能够耐受各种工况下的电压，阀支架需要有足够的绝缘强度，以确保安全可靠地运行。

（2）试验方法。

1）直流耐压试验。在试品两个主端子短接，在短接线与地之间从不大于 1min 试验电压（117kV）的 50％开始升压，升压过程中记录起晕电压值，升至 U_{tds1}，保持 1min，再降至 1h 试验电压（86kV），保持 1h，并观察试验过程中是否有击穿或者闪络。

用相反极性电压重复上述试验。在重复试验之前，支架应当短路并接地最少 2h。

2）冲击电压试验。操作冲击试验和雷电冲击试验通过冲击发生设备产生要求的电压，试品短接线与冲击发生器设备高压端连接，另一端接地。试验按照 GB/T 16927.1 中相关要求进行。

雷电冲击试验电压：147kV。

雷电冲击试验波形：参照 GB/T 16927.1 中的标准雷电冲击电压波形。

雷电冲击试验次数：正负极性各 3 次。

操作冲击试验电压：137kV。

操作冲击试验波形：参照 GB/T 16927.1 中的标准操作冲击电压波形。

操作冲击试验次数：正负极性各 3 次。

（3）试验判据。

1）阀对地能够耐受相应试验电压，不发生闪络或击穿。

2）阀支架各部分均不能发生误动作，非自恢复绝缘上无破坏性放电的发生，无器件损坏。

3. 故障电流试验

（1）试验目的。试验是为了验证阀对地的耐压性能。

在电力系统中，阀对地要受到各种电压的作用，包括端间直流耐压、雷电冲击电压和操作冲击电压，为了确保产品能够耐受各种工况下的电压，阀支架需要有足够的绝缘强度，以确保安全可靠地运行。

（2）试验方法。使阀组件流过规定峰值和导通时间的一个周波的短路电流。故障电流峰值：88kA，依据技术规范书波形，做到能量或结温等效。

（3）试验判据。阀各部分均不能发生误动作，无器件损坏。

3.5.6　间隙开关试验

消能装置间隙开关型式试验应遵照适用的 IEC 标准、中国国家标准（GB）、电力行业标准（DL）及国际单位制（SI）的相关规定，并至少包括但不限于表 3-32 所示标准。

表 3-32　　　　　　　　　间隙开关型式试验参考标准

序号	标准号	标准名称
1	GB/T 311.1	绝缘配合　第 1 部分：定义、原则和规则
2	GB/T 16927	高电压试验技术
3	GB/T 7354	高电压试验技术　局部放电测量
4	GB/T 2900.20	电工术语　高压开关设备和控制设备
5	GB 50260—2013	电力设施抗震设计规范
6	GB/T 13498—2017	高压直流输电术语
7	GB/T 1984	高压交流断路器
8	GB/T 11022	高压交流开关设备和控制设备标准的共用技术要求
9	GB 50150—2016	电气装置安装工程　电气设备交接试验标准
10	GB/T 25309—2010	高压直流转换开关
11	GB/T 13540—2009	高压开关设备和控制设备的抗震要求
12	GB/T 5273	高压电器端子尺寸标准化
13	GB/T 12022—2014	工业六氟化硫
14	GB/T 17626	电磁兼容　试验和测量技术

序号	标准号	标准名称
15	DL/T 5222—2021	导体和电器选择设计规程
16	DL/T 402	高压交流断路器
17	DL/T 593—2016	高压开关设备和控制设备标准的共用技术要求
18	IEC 62271-100	高压交流断路器

消能装置中间隙开关型式试验应包括有关工业标准的全部型式试验，至少包含但不限于表 3-33 中试验项目。

表 3-33 间隙开关型式试验项目

序号	招标规范要求试验项目及参数		试验参数
1	密封试验		年泄漏率不高于 0.15%
2	气体混合比及水分含量测定		微水含量不大于 150μL/L，混合比误差不大于 1%
3	端间绝缘试验	2h 直流耐压试验	120kV
		10s 直流耐压试验	140kV
		雷电冲击试验	150kV
4	对地绝缘试验	2h 直流耐压试验	225kV
		操作冲击试验	500kV
		雷电冲击试验	575kV
5	触发功能试验		依据技术规范书要求
6	触发寿命试验		1200 次
7	间隙本体直流通流及绝缘恢复试验		依据技术规范书要求
8	极端通流能力试验		DC 88kA/30ms
9	防护等级验证		依据技术规范书要求
10	电磁兼容试验		20kA/50 次
11	地震计算		依据技术规范书要求

1. 密封试验

（1）试验目的。产品整体漏气率不超过厂家技术规范允许漏气率（采用 SF_6 气体绝缘的产品）。

（2）试验方法。采用扣罩法，将试品整体封闭的塑料罩内，经过 24h 后，测定罩内示踪气体的浓度，并通过计算确定相应的漏气率。

（3）试验判据。年泄漏率不高于 0.15%。

2. 气体混合比及水分含量测定

（1）试验目的。测定气体混合比及水分含量满足厂家技术规范要求。

（2）试验方法。采用气体湿度检测仪和混合比综合检测仪分别从取样口取样进行气体湿度和混合比测量。

（3）试验判据。微水含量不大于 $150\mu\mathrm{L/L}$；气体混合比六氟化硫和氮气比值为 3∶7，允许误差为 1%。

3. 间隙本体绝缘试验

（1）试验目的。检验间隙本体绝缘耐压是否满足要求。

（2）试验项目。10s 直流耐压试验、2h 直流耐压试验、24h 带电试验、雷电耐压试验。

（3）试验方法。间隙本体试验时带触发器、控制器和续流回路，在气体最低功能压力下，低压端接地，高压端对地加压，考虑正负极性；24h 带电试验按照 1.1 倍额定电压，结束后再进行雷电耐压试验。

（4）试验判据。耐压过程中不发生放电。

4. 触发功能试验

（1）试验目的。检验间隙开关触发功能。

（2）试验方法。间隙在最低可触发电压（50kV）和触发回路充电电源电压为 $0.9\times220\mathrm{V}$ 下；给控制器 1 和控制器 2 分别发送单次触发命令，重复试验 10 次，每次试验间隔 3min。之后给控制器 1 和控制器 2 分别发送连续两次触发命令（间隔时间 0.3s），重复试验 3 次，每次试验间隔 10min。

（3）试验判据。判据为从接到触发命令后电压跌落，并且跌落至低于触发电压的 10% 时间小于 0.5ms，两个触发腔在单次触发试验中均能可靠触通，连续触发试验中均可实现 0.3s 内连续两次可靠触通，并且不得出现误触发或拒触发。

5. 触发寿命试验

（1）试验目的。检验间隙开关的触发寿命。

（2）试验方法。间隙本体在气体最高功能压力下，分别在正、负极性最低可触发电压下各触发同一个触发腔 600 次（每次间歇时间 2~3min），试验过程中监测间隙两端电压及电流，要求间隙可靠触通（判据为从接到触发命令后电压跌落，并且跌落至低于触发电压的 10% 时间小于 0.5ms 或出现 5A 以上间隙电流），并且不得出现误触发或拒触发。

（3）试验判据。触发极性为正负极性、最低可触发直流电压 50kV、最大触发延时 0.5ms、空载触发寿命 1200 次。

6. 间隙本体直流通流及绝缘恢复试验

（1）试验目的。检验开关设备和控制设备的主回路和接地回路承载短时耐受电流的能力。

（2）试验方法。间隙本体在气体额定工作压力下开展试验，间隙内部安装多对触头时，仅取一对触头开展通流试验。正、负极性通流试验次数各半，单次试验间隔 0.5h，通流试验结束后进行绝缘试验。采用电容器组振荡放电和二极管续流的方式产生直流衰减电流。试验前储能电容器组充电至试验电压，直流高压发生器预加恢复电压，K 断路器闭合。0ms 时用触发间隙导通，控制储能电容器组通过电抗器放电，电容器组两端并联反极性二极管续流，在间隙中产生近似直流的衰减放电电流。发出间隙触通指令同时控制 K 断路器分闸，待间隙电流降至零后，K 断路器开断隔离储能电容器组，同时直流高压发生器立即施加指数上升的恢复电压。试验过程中可以通过控制储能电容器组充电电压来调整试验电流峰值，控制直流高压发生器输出电压和保护电阻 R 调整恢复电压峰值及上升速率。试验电流最大值 I 不小于 20kA，$0.5 \times I \times t > 20kA \times 30ms$（$t$ 为电流峰值跌落至最大值 10% 的时间）。

（3）试验判据。通流试验后间隙绝缘验证试验应能通过，解体检查试品通流触头应无明显变形、开裂，非通流触头及绝缘筒内壁应无烧蚀痕迹。

7. 极端通流能力试验

（1）试验目的。检验间隙开关是否具备耐受极限短路电流的能力。

（2）试验方法。交流试验电源开展等价试验。导体通流能力考核适用按 $I^2 \times t$ 积分等价原则，间隙内部燃弧适用 $I \times t$ 积分等价原则，考虑该试验主要考核内部燃弧是否安全耐受，适用 $I \times t$ 积分等价原则。需提供采用峰值 88kA 的工频电流，通流时间 47ms，燃弧能量可等价直流 88kA/30ms。

（3）试验判据。试验后，间隙开关设备和控制设备外形完好、功能正常。

8. 防护等级验证

（1）试验目的。验证开关设备的防护能级是否满足设计要求。

（2）试验方法。按照 GB/T 4208 规定的要求，试验应该在和使用情况一样的、完全装配好的开关设备和控制设备的外壳上进行。

对于型式试验，通常不安装进入外壳的真实电缆连接，应该使用一段相应的填充物来模拟。试验时开关设备的运输单元应该用盖板封闭，盖板能提供和单元间的连接同一等级的防护性能。

9. 电磁兼容试验

（1）试验目的。为了验证开关的控制设备在复杂的电磁环境中能够可靠地运行，需要进行电磁兼容试验。

（2）试验项目。试验项目包括静电放电抗扰度试验、射频电磁场辐射抗扰度试验、电快速瞬变脉冲群抗扰度试验、浪涌（冲击）抗扰度试验、射频场感应的传导骚扰抗扰度、工频磁场抗扰度试验、脉冲磁场抗扰度试验、阻尼振荡磁场抗扰度试验和阻尼振荡波抗扰度试验。

（3）试验方法。

1）静电放电抗扰度试验。设备按照落地式设备进行试验，连接电源和光纤后对试品触发电路板端子分别进行接触放电和空气放电，其中接触放电的放电位置为控制板卡的金属外壳及光纤头外壳，空气放电的放电位置为控制板卡的信号线接头非金属部位，各放电部分放电次数均为 10 次，放电时间间隔为 1s，试品正常带电工作。

2）射频电磁场辐射抗扰度试验。整机部件置于暗室内并连接所有电气和光纤接线。设置试验设备参数见表 3-34。

表 3-34 射频电磁场试验设备参数

试验项目	场强（A/m）	频率（MHz）
射频电磁场	30	80～3000（扫频）
		80（点频）
		160（点频）
		380（点频）
		450（点频）
		900（点频）

试验过程中对试品进行一次触发操作，试验过程中试品工作正常。

3）电快速瞬变脉冲群抗扰度试验。按照落地式设备进行试验，试验设备参数见表 3-35。

表 3-35　　　　　　　　　电快速瞬变脉冲群试验设备参数

脉冲上升时间	脉冲宽度	重复频率	脉冲持续时间	脉冲周期	试验时间
5ns（1ns 间时）	5ns（1ns 间时）	5、100kHz	100s	200s	2000s

将试品放在绝缘木块上，并连接电气接线和光纤；试品处于正常工作状态后，进行瞬变脉冲群试验。通过上位机界面观察瞬变脉冲群对整个试品运行的影响情况。

4）浪涌（冲击）抗扰度试验。试验前对发生器的耦合/去耦网络进行验证、校准。按落地式设备试验，完成电气和光纤连接后，浪涌脉冲通过耦合/去耦网络施加在试品电源输入端上，浪涌脉冲次数为正、负极性各 5 次，电压等级为 4kV，波前时间 1.2 脉（1.2 脉冲），半峰值时间 50 峰（10 峰值时）；连续脉冲间的时间间隔为 1min 或更短。试验过程中试品工作正常。

5）射频场感应的传导骚扰抗扰度。试验中电源口和信号口分别采用间接耦合和直接耦合的方式为试品提供传导干扰，射频传导感应传导器参数见表 3-36。

表 3-36　　　　　　　　　射频传导感应传导器参数

试验项目	频率范围	开路试验电平	步长
射频场感应的传导骚扰抗扰度试验	150kHz～80MHz（扫频）	20V	1%
	27MHz（点频）		
	68MHz（点频）		

在试品处于正常工作状态后，进行射频传导试验；试验过程中试品工作正常。

6）工频磁场抗扰度试验。将试品放置于测试台上，设置工频电磁装置的参数见表 3-37。

表 3-37　　　　　　　　　工 频 电 磁 装 置 参 数

试验项目	磁场强度（A/m）	试验时间（s）
工频电磁场抗扰度试验（短时）	1000	3
稳定持续磁场试验	100	30

连接供电电源，给试品输入端供电，试验过程中试品工作正常。

7）脉冲磁场抗扰度试验。采用浸入法对受试设备施加试验磁场，将试品放置于测试台上，设置电磁装置输出电流脉冲磁场强度（峰值）为 1000A/m，极性为正极性和负极性，脉冲磁场试验等级为 4 级。

设备应处于标准规定的适当大小的感应线圈所产生的试验磁场中，重复进行，至少进行 5 次正极性脉冲和 5 次负极性脉冲试验，脉冲之间的时间间隔应不小于 10s，试验过程中试品工作正常。

8）阻尼振荡磁场抗扰度试验。

a. 采用浸入法对受试设备施加试验磁场，将试品放置于测试台上，设置电磁装置参数如下：阻尼振荡磁场强度 100A/m（100kHz、1MHz），持续时间 2s，对于频率为 100kHz 的试验，其重复频率至少为 40Hz，对于频率为 1MHz 的试验，其重复频率至少为 400Hz，试验等级为 4 级。

b. 连接供电电源，给试品输入端供电，使试品处于正常工作状态。

c. 试验需要在三个方向分别进行。

9）阻尼振荡波抗扰度试验。试验时间为 6 次持续 10s 的脉冲，触发时间 2s，对于频率为 100kHz 的试验，其重复频率至少为 40Hz，对于频率为 1MHz 的试验，其重复频率至少为 400Hz，电压等级分别为共模 2kV、差模 1kV。

通过耦合/去耦网络在试品电源输入端口耦合传导阻尼振荡，试品处于正常工作状态后，进行试验。

10. 地震计算

（1）试验目的。检验开关设备的结构是否符合抗震等级的要求。

（2）试验方法。按 GB/T 13540—2009、GB 50260—2013 和 Q/GDW 11132—2013 的规定进行相应抗震等级，由第三方机构进行仿真校核或出具计算报告。

4 消能装置出厂试验技术

消能装置的出厂试验（或称例行试验）主要针对快速机械开关、慢速机械开关、避雷器、控制保护装置、电力电子开关、间隙开关等组部件。每台消能装置均应在工厂内进行例行试验，试验的技术数据应随产品一起交付，产品在拆前应对关键的连接部位和部件做好标记。

4.1 快速机械开关试验

4.1.1 试验参考标准、项目和试验参数

消能装置快速机械开关例行试验应遵照适用的 IEC 标准、中国国家标准（GB）、电力行业标准（DL）及国际单位制（SI）的相关规定。

消能装置中快速机械开关例行试验应包括有关工业标准的全部例行试验，至少包含但不限于表 4-1 中试验项目。

表 4-1　　　　　　　　　快速机械开关例行试验项目

序号	试验项目	试验参数
1	主回路绝缘试验	依据技术规范书要求
2	主回路电阻测量	依据技术规范书要求
3	密封试验	依据技术规范书要求
4	电路检查	依据技术规范书要求
5	机械操作试验	依据技术规范书要求

4.1.2 试验内容

1. 主回路绝缘试验

（1）试验目的。试验是为了验证快速机械开关组件的额定值和性能，在快

速机械开关整机上进行。

（2）试验项目。试验项目包括端-端雷电冲击电压试验和端-地雷电冲击电压试验。

（3）试验方法及试验判据。

1）端-端雷电冲击电压试验。串联断口处于分闸状态，一端与冲击发生器设备高压端连接，另一端接地。施加的雷电冲击电压为147kV，波形参数见表4-2。

表 4-2　　　　　　　　　　　端-端雷电冲击电压试验波形参数

试验的描述	试验参量	规定的试验数值	试验公差/试验数值的限值	参考标准
雷电冲击电压试验	峰值	额定雷电冲击耐受电压	±3%	GB/T 16927.1
	前波时间	1.2μs	±0.2μs	
	半峰值时间	50μs	±10μs	

正负极性各1次，雷电冲击电压试验后，非自恢复绝缘上无破坏性放电的发生，认为通过本试验。

2）端-地雷电冲击电压试验。串联断口处于合闸状态，布置于绝缘平台上，断口连接冲击发生器高压端，绝缘平台底部接地铜排接地。施加的雷电冲击电压为575kV，波形参数见表4-3。

表 4-3　　　　　　　　　　　端-地雷电冲击电压试验波形参数

试验的描述	试验参量	规定的试验数值	试验公差/试验数值的限值	参考标准
雷电冲击电压试验	峰值	额定雷电冲击耐受电压	±3%	GB/T 16927.1
	前波时间	1.2μs	±0.2μs	
	半峰值时间	50μs	±10μs	

正负极性各1次，雷电冲击电压试验后，非自恢复绝缘上无破坏性放电的发生，认为通过本试验。

2. 主回路电阻测量

（1）试验目的。为了验证开关产品电接触的装配程度，需要进行主回路电阻测量。

（2）试验方法。试验电流应该取 100A 到额定电流之间的任一方便的值，通过回路电阻测试仪进行主回路电阻测量。

（3）试验判据。出厂时测量得到的主回路电阻值满足厂家技术规范要求。在现场测量得到的主回路电阻值不高于出厂值的 120%。

3. 密封性试验

（1）试验目的。产品整体漏气率不超过厂家技术规范允许漏气率（如采用 SF_6 气体绝缘的产品）。

（2）试验方法。采用扣罩法，将试品整体封闭在塑料罩内，经过 24h 后，测定罩内示踪气体的浓度，并通过计算确定相应的漏气率。

（3）试验判据。年泄漏率不高于 0.5%。

4. 电路检查

（1）试验目的。为了验证快速旁路开关控制电路的正确性。

（2）试验判据。

1）实际与接线图一致。

2）信号装置（位置、报警、闭锁等）正确工作。

3）辅助回路（照明、除湿、空调）正确工作。

5. 机械操作试验

（1）试验目的。为了验证快速机械开关机械性能的一致性。

（2）试验方法。在断路器触头系统中或与驱动触头系统直接连接的位置安装一个行程传感器，采用开关特性测试仪直接记录机械行程特性，并且可以测得相应的分合闸速度和真空灭弧室动触头合闸弹跳时间。进行测试之前首先记录机械行程特性、分合闸速度和动触头合闸弹跳时间，进行 20 次分合操作，复测开关的机械行程特性，得到的机械行程特性、分合闸速度和动触头合闸弹跳时间应满足判据要求的值。

20 次合闸操作；20 次分闸操作。

（3）试验判据。

1）合闸时间不大于 5ms。

2）分闸时间不大于 20ms。

分闸时间、分闸速度、合闸速度符合产品技术条件要求。

4.2 慢速机械开关试验

4.2.1 参考标准

消能装置慢速机械开关例行试验应遵照适用的 IEC 标准、中国国家标准 (GB)、电力行业标准（DL）及国际单位制（SI）的相关规定。

4.2.2 试验项目和试验参数

消能装置中慢速机械开关例行试验应包括有关工业标准的全部例行试验，至少包含但不限于表 4-4 中试验项目。

表 4-4 慢速机械开关例行试验项目

序号	试验项目	试验参数
1	主回路绝缘试验	依据技术规范书要求
2	辅助和控制回路的试验	依据技术规范书要求
3	主回路电阻测量	依据技术规范书要求
4	密封试验	依据技术规范书要求
5	设计和外观检查	依据技术规范书要求
6	机械操作试验	依据技术规范书要求

4.2.3 试验内容

1. 主回路绝缘试验

GB/T 11022—2020《高压开关设备和控制设备标准的共用技术要求》中的 8.2 适用。

2. 辅助和控制回路的试验

GB/T 11022—2020《高压开关设备和控制设备标准的共用技术要求》中的 8.3 适用。

3. 主回路电阻测量

GB/T 11022—2020《高压开关设备和控制设备标准的共用技术要求》中的 8.4 适用。

4. 密封性试验

GB/T 11022—2020《高压开关设备和控制设备标准的共用技术要求》中的 8.5 适用。

5. 设计和外观检查

GB/T 11022—2020《高压开关设备和控制设备标准的共用技术要求》中的 8.6 适用。

6. 机械操作试验

GB/T 11022—2020《高压开关设备和控制设备标准的共用技术要求》中的 7.10 适用。

4.3 避雷器试验

4.3.1 参考标准

避雷器例行试验应遵照适用的 IEC 标准、中国国家标准（GB）、电力行业标准（DL）及国际单位制（SI）的相关规定。

4.3.2 试验项目和试验参数

避雷器例行试验应包括有关工业标准的全部例行试验，至少包含但不限于表 4-5 中试验项目。

表 4-5　　　　　　　　　　避雷器例行试验项目

序号	试验项目	IEC 60099-9	GB/T 11032—2020	备注
1	直流参考电压试验	10.1	8.19	按 IEC
2	残压试验	10.1	8.3.3	按 IEC
3	内部局部放电试验	10.1	8.21	按 IEC
4	密封试验	10.1	8.13	按 IEC
5	电流分布试验	10.2	8.22	同型式试验
6	外观检查		9.2.1	按国家标准进行
7	阻性电流试验		8.17	可不进行
8	工频参考电压试验		8.18	可不进行
9	0.75 倍直流参考电压下泄漏电流		8.20	按国家标准进行

序号	试验项目	IEC 60099-9	GB/T 11032—2020	备注
10	运行电压下的泄漏电流试验			特殊试验
11	电阻片能量筛选			特殊试验

4.4 控制、保护和监视设备试验

4.4.1 参考标准

消能装置控制、保护和监视设备例行试验应遵照适用的 IEC 标准、中国国家标准（GB）、电力行业标准（DL）及国际单位制（SI）的相关规定。

4.4.2 试验项目和试验参数

消能装置控制、保护和监视设备例行试验应包括有关工业标准的全部例行试验，并按技术规范书的要求进行。

4.5 电力电子开关试验

4.5.1 参考标准

消能装置电力电子开关例行试验应遵照适用的 IEC 标准、中国国家标准（GB）、电力行业标准（DL）及国际单位制（SI）的相关规定。

4.5.2 试验项目和试验参数

消能装置中电力电子开关例行试验应包括有关工业标准的全部例行试验，至少包含但不限于表 4-6 中试验项目。

表 4-6　　　　　　　　　　　电力电子开关例行试验项目

序号	试验项目	试验要求
1		外观应完好无损，无污物和水
2	外观、连接检查 接触电阻测量	电气、光纤连接正确，螺栓力矩满足要求
3		母排间的接触电阻满足要求

序号	试验项目	试验要求
4	晶闸管级功能试验	阻抗测试
		储能时间测试
		正向过电压保护测试
		正极性冲击
		负极性冲击
		试验后阻抗测试
5	耐压试验	依据技术规范书要求

4.5.3　试验内容

本节仅规定了电力电子开关例行试验的基本要求。

1. 外观检查

（1）试验目的。确保电力电子开关材料和组件外观完好，安装正确。试验对象为阀段。

（2）试验方法。检查试品中晶闸管、电容、电阻、控制板卡和光纤等外观完好无损，无污物。

电力电子开关生产过程中，通过目视的方法检查连接铜排、边框底座等外观。

（3）试验判据。各元件表面完好，无磕碰、划伤；导线接头无破损，工艺符合要求；装配过程符合要求。

2. 连接检查

（1）试验目的。确保电力电子开关的电气连接、光纤连接、机械连接等正确无误，连接力矩满足工艺要求。

（2）试验方法。依据安装图纸、配线图纸以及相关工艺文件，检查并确认试品所有材料和元件安装正确、所有主回路的连接正确，端子接线等可靠连接，符合生产工艺要求。

生产工人使用力矩扳手按照工艺要求进行装配，并使用记号笔在螺栓及水管连接处画力矩线；检查人员使用相同的方法进行复检，并使用不同颜色记号笔画力矩线。

（3）试验判据。试品结构安装正确，连接力矩等符合工艺要求，力矩线清晰，电气连接符合配线及工艺要求。

3. 接触电阻测量

（1）试验目的。确保电力电子开关接触电阻满足工艺要求。

（2）试验方法。测量母排连接处的接触电阻。

（3）试验判据。接触电阻小于安全值，避免母排连接处由于大电流而损坏。

4. 晶闸管级功能试验

（1）试验目的。为了检验晶闸管及两端辅助回路的参数是否与设计一致、晶闸管在线监测和触发电路板（TTM 板）是否能正确实现其功能。

（2）试验方法。测量母排连接处的接触电阻。使用晶闸管级功能试验装置（VTE）完成，试验原理接线如图 4-1 所示。

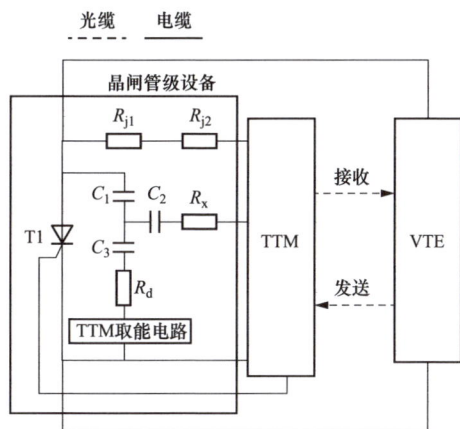

图 4-1　晶闸管阀功能性试验原理示意图

（3）试验判据。阻抗、触发供能、耐电压能力满足要求，试验完成后无器件损坏。

5. 耐压试验

（1）试验目的。为了检验晶闸管及两端辅助回路是否能耐受相应试验电压。

（2）试验方法。在晶闸管级两个主端子之间从不大于 1min 试验电压的

50％开始升压，升压过程中记录起晕电压值，升至 U_{tds1}，保持 1min；再降至 5min 试验电压，保持 5min，并观察试验过程中是否有击穿或者闪络。

4.6 间 隙 开 关 试 验

4.6.1 参考标准

消能装置间隙开关例行试验应遵照适用的 IEC 标准、中国国家标准（GB）、电力行业标准（DL）及国际单位制（SI）的相关规定。

4.6.2 试验项目和试验参数

消能装置中间隙开关例行试验应包括有关工业标准的全部例行试验，至少包含但不限于表 4-7 中试验项目。

表 4-7   间隙开关例行试验项目

序号	试验项目	试验参数
1	主回路绝缘试验	依据技术规范书要求
2	密封试验	依据技术规范书要求
3	触发试验	依据技术规范书要求
4	电路检查	依据技术规范书要求

4.6.3 试验内容

1. 主回路绝缘试验

（1）试验目的。试验是为了验证间隙开关组件的额定值和性能，在间隙开关整机上进行。

（2）试验项目。试验项目包括端-端雷电冲击电压试验和端-地雷电冲击电压试验。

（3）试验方法及试验判据。

1）端-端雷电冲击电压试验。一端与冲击发生器设备高压端连接，另一端接地。施加的雷电冲击电压为 150kV，波形参数见表 4-8。

表 4-8　　　　　　　**端-端雷电冲击电压试验波形参数**

试验的描述	试验参量	规定的试验数值	试验公差/试验数值的限值	参考标准
雷电冲击电压试验	峰值	额定雷电冲击耐受电压	±3%	GB/T 16927.1
	前波时间	1.2μs	±30%	
	半峰值时间	50μs	±20%	

正负极性各 1 次，雷电冲击电压试验后，非自恢复绝缘上无破坏性放电的发生，认为通过本试验。

2）端-地雷电冲击电压试验。断口连接冲击发生器高压端，绝缘平台底部接地铜排接地。施加的雷电冲击电压为 575kV，波形参数见表 4-9。

表 4-9　　　　　　　**端-地雷电冲击电压试验波形**

试验的描述	试验参量	规定的试验数值	试验公差/试验数值的限值	参考标准
雷电冲击电压试验	峰值	额定雷电冲击耐受电压	±3%	GB/T 16927.1
	前波时间	1.2μs	±30%	
	半峰值时间	50μs	±20%	

正负极性各 1 次，雷电冲击电压试验后，非自恢复绝缘上无破坏性放电的发生，认为通过本试验。

2. 密封性试验

（1）试验目的。验证产品整体漏气率不超过厂家技术规范允许漏气率（如采用 SF_6 气体绝缘的产品）。

（2）试验方法。采用扣罩法，将试品整体封闭在塑料罩内，经过 24h 后，测定罩内示踪气体的浓度，并通过计算确定相应的漏气率。

（3）试验判据。年泄漏率不高于 0.15%。

3. 触发试验

（1）试验目的。检验触发性能。

（2）试验方法。间隙本体在气体最高功能压力下，分别在正、负极性直流最低可触发电压下各触发 5 次（每次间歇时间为 2～3min），试验过程中监测间隙两端电压及电流。

（3）试验判据。从接到触发命令后电压跌落，并且跌落至低于10%时间小于0.5ms。要求间隙可靠触发导通，并且不得出现误触发或拒触发。

4. 电路检查

（1）试验目的。为了验证快速旁路开关控制电路的正确性。

（2）试验判据。

1）实际电路与接线图一致；

2）信号装置（位置、报警、闭锁等）正确工作；

3）辅助回路（照明、除湿、空调）正确工作。

5 消能装置现场试验技术

消能装置必须进行交接（现场）试验，检验消能装置运输和现场安装的质量。消能装置交接试验主要针对快速机械开关、慢速机械开关、避雷器、控制保护装置、电力电子开关、间隙开关等所有组部件。

5.1 快速机械开关试验

消能装置快速机械开关交接（现场）试验应遵照适用的 IEC 标准、中国国家标准（GB）、电力行业标准（DL）及国际单位制（SI）的相关规定。

快速机械开关安装完毕后，供货商应配合业主的技术人员和运行人员，按照最终确定的试验方案进行交接试验。试验应包括有关工业标准的全部交接（现场）试验，至少包含但不限于：

（1）一般检查；

（2）电路检查；

（3）机械操作试验；

（4）绝缘试验；

（5）主回路电阻的测量。

5.1.1 一般检查

（1）试验目的。目的是通过目测，检查开关的外形有无损坏。

（2）试验判据。

1）装配符合制造厂的图纸和说明书；

2）紧固件和控制装置的密封性良好；

3）内外绝缘未被损坏且干净；

4）足够和完整的接地及和变电站接地系统连接的接口。

5.1.2　电路检查

（1）试验目的。为了验证快速旁路开关控制电路的正确性。

（2）试验判据。

1）电路应与接线图保持一致；

2）信号装置（位置、报警、闭锁等）应能正确工作；

3）辅助回路（照明、除湿、空调）应能正确工作。

5.1.3　机械操作试验

（1）试验目的。验证快速旁路开关机械性能的一致性。

（2）试验方法。开关进行 5 次空载分合操作（5 次空载合闸操作；5 次空载分闸操作），测得相应的分合闸时间，满足判据要求的值。

（3）试验判据。

合闸时间不大于 5ms。

分闸时间不大于 20ms。

分闸时间、分闸速度、合闸速度符合产品技术条件要求。

5.1.4　绝缘试验

（1）试验目的。为了验证快速旁路开关组件的额定值和性能，在快速旁路开关整机上进行试验。

（2）试验项目。试验项目包括端-端直流耐受电压试验和端-地直流耐受电压试验。

（3）试验方法及判据。

1）端-端直流耐受电压试验。串联断口处于分闸状态，一端与直流耐压设备高压端连接，另一端接地。施加的直流耐受电压为 94kV（0.8×117kV），时间为 1min。

直流耐受电压试验后，非自恢复绝缘上无破坏性放电的发生，认为通过本试验。

2）端-地直流耐受电压试验。串联断口处于合闸状态，布置于绝缘平台上，断口连接直流耐压设备高压端，绝缘平台底部接地铜排接地。施加的直流耐受电压为 94kV（0.8×117kV），时间为 1min。

直流耐受电压试验后，非自恢复绝缘上无破坏性放电的发生，认为通过本试验。

5.1.5　主回路电阻测量

（1）试验目的。为了验证开关产品电接触的装配程度，需要进行主回路电阻测量。

（2）试验方法。采用回路电阻测试仪进行主回路电阻测量，试验电流应该取 100A 到额定电流之间的任一方便的值。

（3）试验判据。出厂试验测得主回路电阻值满足厂家技术规范要求。

5.2　慢速机械开关试验

消能装置慢速机械开关交接（现场）试验应遵照适用的 IEC 标准、中国国家标准（GB）、电力行业标准（DL）及国际单位制（SI）的相关规定。

慢速机械开关安装完毕后，供货商应配合业主的技术人员和运行人员，按照最终确定的试验方案进行交接试验。试验应包括有关工业标准的全部交接（现场）试验，至少包含但不限于：

（1）一般检查；

（2）机械操作试验；

（3）绝缘试验；

（4）主回路电阻的测量。

5.2.1　一般检查

（1）试验目的。目的是通过目测，检查开关的外形有无损坏。

（2）试验判据。

1）装配应符合制造厂的图纸和说明书；

2）紧固件和控制装置的密封性良好；

3）内外绝缘未被损坏且干净；

4) 足够和完整的接地以及和变电站接地系统连接的接口。

5.2.2　机械操作试验

按 GB/T 1984—2014《高压交流断路器》中 7.101 的规定。

5.2.3　绝缘试验

（1）试验目的。为了验证快速旁路开关组件的额定值和性能，在快速旁路开关整机上进行试验。

（2）试验项目。试验项目包括端-端直流耐受电压试验和端-地直流耐受电压试验。

（3）试验方法及试验判据。

1）端-端直流耐受电压试验。串联断口处于分闸状态，一端与直流耐压设备高压端连接，另一端接地。施加的直流耐受电压为 94kV(0.8×117kV)，时间为 1min。

直流耐受电压试验后，非自恢复绝缘上无破坏性放电的发生，认为通过本试验。

2）端-地直流耐受电压试验。串联断口处于合闸状态，布置于绝缘平台上，断口连接直流耐压设备高压端，绝缘平台底部接地铜排接地。施加的直流耐受电压为 94kV(0.8×117kV)，时间为 1min。

直流耐受电压试验后，非自恢复绝缘上无破坏性放电的发生，认为通过本试验。

5.2.4　主回路电阻测量

（1）试验目的。为了验证开关产品电接触的装配程度，需要进行主回路电阻测量。

（2）试验方法。采用回路电阻测试仪进行主回路电阻测量，试验电流应该取 10A 到额定电流之间的任一方便的值。

（3）试验判据。出厂试验测得主回路电阻值满足厂家技术规范要求。

5.3　避雷器试验

避雷器交接（现场）试验应遵照适用的 IEC 标准、中国国家标准（GB）、电力行业标准（DL）及国际单位制（SI）的相关规定。

避雷器安装完毕后，供货商应配合业主的技术人员和运行人员，按照最终确定的试验方案进行交接试验。试验应包括有关工业标准的全部交接（现场）试验，至少包含但不限于表 5-1 中试验项目。

表 5-1 避雷器交接试验项目

序号	试验名称	试验方法	试品
1	外观检查	按照 GB/T 22389	避雷器整体
2	测量避雷器及基座绝缘电阻	按照 GB 50150	避雷器整体
3	直流参考电压试验	按照 GB/T 22389	避雷器单元
4	0.75 倍直流参考电压下漏电流试验	按照 GB/T 22389	避雷器整体

关于直流参考电压试验和 0.75 倍直流参考电压下漏电流试验，可采用大规模成组避雷器试验新方法，采用避雷器组成套试验系统，满足成组避雷器主体设备免拆装的情况下，实现现场每节避雷器直流参考电压和泄漏电流的测量，5 次试验即可完成该 136×5 共 680 节避雷器的直流试验，并精确给出每一节避雷器的试验数据及判断结果，提高整体试验效率 95％以上。大规模成组避雷器连接如图 5-1

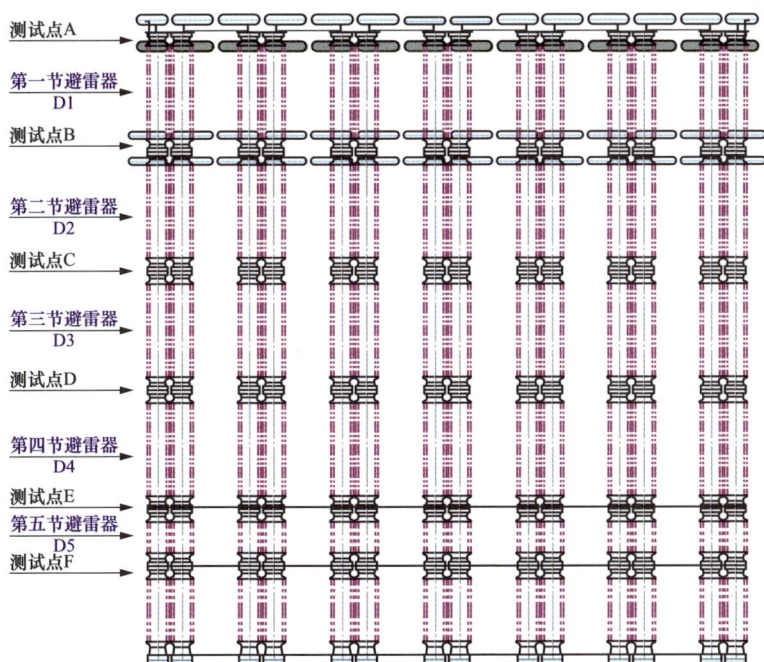

图 5-1　避雷器组结构示意图

所示，该图定义的测试点用于连接直流高压电源的输出或测量单元。D1～D5分别代表五层避雷器，以单柱避雷器连接为例。特别地，每一次试验前需检查测量单元电量，每一次更换接线需放电并将高压侧"挂地线"。每层试验过程如下：

(1) 步骤1［见图5-2 (a)］。

试验准备：136个测量单元正极测试夹分别连接于第一层避雷器，即D1的下端，测量单元负极连接大地线，将直流高压电源高压输出端连接于测试点A即避雷器装置顶部，测试点F即第五层避雷器D5的下端连接大地。

绝缘与安全：由于D2～D5为串联关系，且D2的上端为地电位，因此仅第一层试验电流较大，其他层无电压也无悬浮电位。

通过一次升压和降压完成D1层136节避雷器直流参考电压试验和0.75倍直流参考电压下漏电流试验。

(2) 步骤2［见图5-2 (b)］。

试验准备：测试点C通过导线将整层短路连接在一起，将直流高压电源高压输出端连接于测试点C，测试点A即第一层避雷器D1的上端连接大地。测量单元接线及位置保持不变，测试点F接线保持不变。

绝缘与安全：避雷器D1上端为地电位，下端通过测量单元连接至地电位，因此测试点A无电压；D3～D5为串联关系，其参考电压远高于D1参考电压，因此仅第二层试验电流较大，其他层泄漏电流可以忽略不计，且无悬浮电位。

通过一次升压和降压完成D2层136节避雷器直流参考电压试验和0.75倍直流参考电压下漏电流试验。

(3) 步骤3［见图5-2 (c)］。

试验准备：测量单元分别连接于测试点C，即D2与D3避雷器连接点，测试点D通过导线将整层短路连接在一起，将直流高压电源高压输出端连接于测试点D，测试点A和测试点F接线保持不变。

绝缘与安全：D1～D2、D4～D5为串联关系，其参考电压高于D3参考电压，因此仅第三层试验电流较大，其他层泄漏电流可以忽略不计，且无悬浮电位。

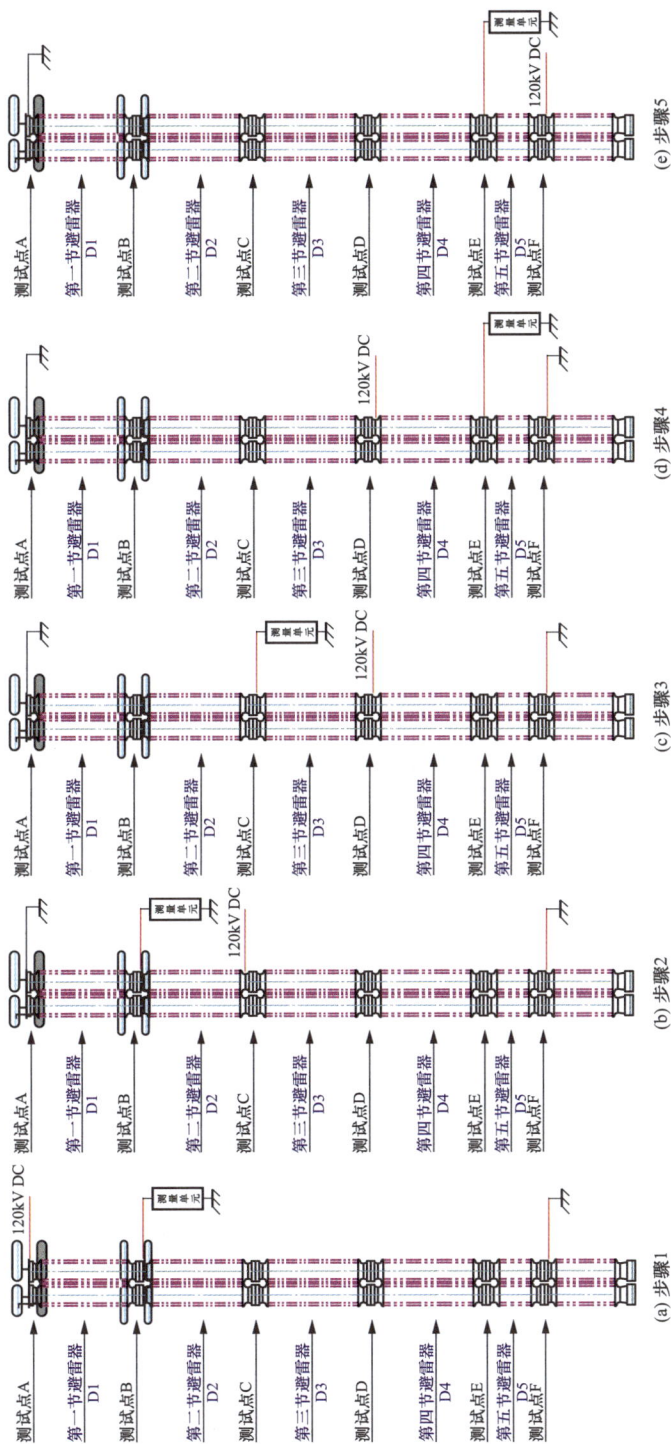

图 5-2   避雷器试验步骤示意图

通过一次升压和降压完成 D3 层 136 节避雷器直流参考电压试验和 0.75 倍直流参考电压下漏电流试验。

(4) 步骤 4 [见图 5-2 (d)]。

试验准备：测量单元分别连接于测试点 E，即 D4 与 D5 避雷器连接点，加压点仍为测试点 D，测试点 A 和测试点 F 接线保持不变。

绝缘与安全：D1～D3 为串联关系，其参考电压高于 D3 参考电压，D5 两端均为地电位，因此仅第四层试验电流较大，其他层泄漏电流可以忽略不计，且无悬浮电位。

通过一次升压和降压完成 D4 层 136 节避雷器直流参考电压试验和 0.75 倍直流参考电压下漏电流试验。

(5) 步骤 5 [见图 5-2 (e)]。

试验准备：测量单元连接于测试点 E 保持不变，测试点 F 通过导线将整层短路连接在一起，将直流高压电源高压输出端连接于测试点 F，测试点 A 接线保持不变。

绝缘与安全：D1～D4 为串联关系，两端均为地电位，因此仅第五层试验电流较大，其他层泄漏电流可以忽略不计，且无悬浮电位。

通过一次升压和降压完成 D5 层 136 节避雷器直流参考电压试验和 0.75 倍直流参考电压下漏电流试验。

在避雷器组成套试验系统中采用了大功率高稳定直流高压试验电源和可变阻抗测量单元，直流高压试验电源参数为 150kV/300mA，可满足 136 节避雷器的电压和功率需求，而可变阻抗测量单元可实现漏电流的实时测量以及漏电流超过阈值后的阻抗自主变化。另外，试验过程由中控系统进行集中控制，中控系统通过组建的测量单元无线通信局域网，实时与每一个测量单元进行通信，采集每一节避雷器的试验参数，实时分析与记录试验结果。中控系统通过光纤实时控制直流高压发生器启停与升降压，0.75 试验功能也由中控系统控制实现，试验过程中若有避雷器绝缘性能破坏或者下降而不满足规程要求，则直接显示该故障避雷器编号，终止试验进程，可选继续下一层避雷器试验或等待修复完成后继续该层试验。白江工程现场试验如图 5-3 所示。

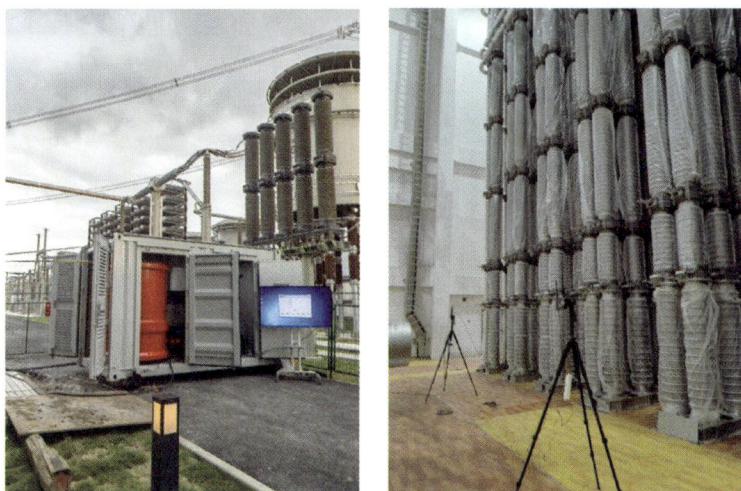

图 5-3 避雷器现场试验

5.4 控制、保护和监视设备试验

消能装置控制、保护和监视设备交接（现场）试验应遵照适用的 IEC 标准、中国国家标准（GB）、电力行业标准（DL）及国际单位制（SI）的相关规定。

5.5 电力电子开关试验

消能装置电力电子开关交接（现场）试验应遵照适用的 IEC 标准、中国国家标准（GB）、电力行业标准（DL）及国际单位制（SI）的相关规定。电力电子开关安装完毕后，供货商应配合业主的技术人员和运行人员，按照最终确定的试验方案进行交接试验。试验应包括有关工业标准的全部交接（现场）试验，至少包含但不限于：

（1）外观检查和连接检查。

1）外观检查。检查阀外观是否完好无损。

2）连接检查。检查所有主电流回路和辅助回路连接是否正确，检查每一接线端子并确保所有接线端子接触良好或紧固力矩正确。

（2）晶闸管级功能试验。晶闸管级功能试验的目的是检验晶闸管及两端辅助回路的参数是否与设计一致、晶闸管在线监测和触发电路板（TTM 板）是否能正确实施其功能。试验包括以下项目：

1）阻抗测试。

2）触发供能测试。

3）正向过电压保护测试。

4）试验后阻抗测试。

5.6 间 隙 开 关 试 验

消能装置间隙开关交接（现场）试验应遵照适用的 IEC 标准、中国国家标准（GB）、电力行业标准（DL）及国际单位制（SI）的相关规定。

间隙开关安装完毕后，供货商应配合业主的技术人员和运行人员，按照最终确定的试验方案进行交接试验。试验应包括有关工业标准的全部交接（现场）试验，至少包含但不限于表 5-2 中试验项目。

表 5-2 间隙开关例行试验项目

序号	试验项目	试验参数
1	主回路绝缘试验	依据技术规范书要求
2	密封试验	依据技术规范书要求
3	触发试验	依据技术规范书要求
4	电路检查	依据技术规范书要求

5.6.1 一般检查

（1）试验目的。目的是通过目测，检查开关的外形有无损坏。

（2）试验判据。

1）装配符合制造厂的图纸和说明书；

2）紧固件和控制装置的密封性良好；

3）内外绝缘未被损坏且干净。

5.6.2 电路检查

（1）试验目的。为了验证快速旁路开关控制电路的正确性。

(2) 试验判据。

1) 实际电路与接线图应保护一致；

2) 信号装置（位置、报警、闭锁等）应能正确工作；

3) 辅助回路（照明、除湿、空调）应能正确工作。

5.6.3　密封性试验

(1) 试验目的。验证产品整体漏气率不超过厂家技术规范允许漏气率（如采用 SF_6 气体绝缘的产品）。

(2) 试验方法。采用扣罩法，将试品整体封闭的塑料罩内，经过 24h 后，测定罩内示踪气体的浓度，并通过计算确定相应的漏气率。

(3) 试验判据。年泄漏率不高于 0.15％。

5.6.4　主回路绝缘试验

(1) 试验目的。试验是为了验证间隙开关组件的额定值和性能，在间隙开关整机上进行。

(2) 试验项目。试验电流包括端-端雷电冲击电压试验和端-地雷电冲击电压试验。

(3) 试验方法及判据。

1) 端-端雷电冲击电压试验。一端与冲击发生器设备高压端连接，另一端接地。施加的雷电冲击电压为 150kV，波形参数见表 5-3。

表 5-3　　　　　端-端雷电冲击电压试验波形参数

试验的描述	试验参量	规定的试验数值	试验公差/试验数值的限值	参考标准
雷电冲击电压试验	峰值	额定雷电冲击耐受电压	±3％	GB/T 16927.1
	前波时间	1.2μs	±30％	
	半峰值时间	50μs	±20％	

正负极性各 1 次，雷电冲击电压试验后，非自恢复绝缘上无破坏性放电的发生，认为通过本试验。

2) 端-地雷电冲击电压试验。断口连接冲击发生器高压端，绝缘平台底部接地铜排接地。施加的雷电冲击电压为 575kV，波形参数见表 5-4。

表 5-4 端-地雷电冲击电压试验波形参数

试验的描述	试验参量	规定的试验数值	试验公差/试验数值的限值	参考标准
雷电冲击电压试验	峰值	额定雷电冲击耐受电压	±3%	GB/T 16927.1
	前波时间	1.2μs	±30%	
	半峰值时间	50μs	±20%	

正负极性各 1 次，雷电冲击电压试验后，非自恢复绝缘上无破坏性放电的发生，认为通过本试验。

5.6.5 触发试验

（1）试验目的。检验触发性能。

图 5-4 间隙开关触发试验现场

（2）试验方法。间隙本体在气体最高功能压力下，分别在正、负极性直流最低可触发电压下各触发 5 次（每次间歇时间为 2～3min），试验过程中监测间隙两端电压及电流。

（3）试验判据。从接到触发命令后电压跌落，并且跌落至低于峰值电压的 10% 时间小于 0.5ms。要求间隙可靠触发导通，并且不得出现误触发或拒触发。

白江工程现场开展 DC 80kV 触发开关的触发试验如图 5-4 所示，间隙本体施加 50kV 直流电压，触发间隙正常触通。

6 消能装置典型应用

6.1 白鹤滩水电送出工程

白鹤滩水电站位于四川云南交界，属金沙江下游流域。白鹤滩水电站于 2017 年 7 月通过国家核准，现已开工建设，建成后将成为仅次于长江三峡电站 的世界第二大水电站，发电效益巨大，是我国实施"西电东送"工程的骨干电 源点。白鹤滩水电站装机容量 1600 万 kW（16 个 100 万 kW 机组），预计 2021 年首批机组建成投产，2022 年底 16 台机组全部投产。白鹤滩—江苏 ±800kV 特高压直流输电工程考虑按两回总容量 1800 万 kW、首回 800 万 kW 输送容量 建设，将白鹤滩清洁水电送至江浙地区，工程于 2022 年 12 月建成投产。

白鹤滩工程采用了混合式的特高压直流输电方案。该方案中，送端换流站 由传统高低端晶闸管换流器（LCC）组成，受端换流站由高端 LCC 串联低端 3 个电压源换流器（VSC）组成，额定电压为 800kV，如图 6-1 所示。

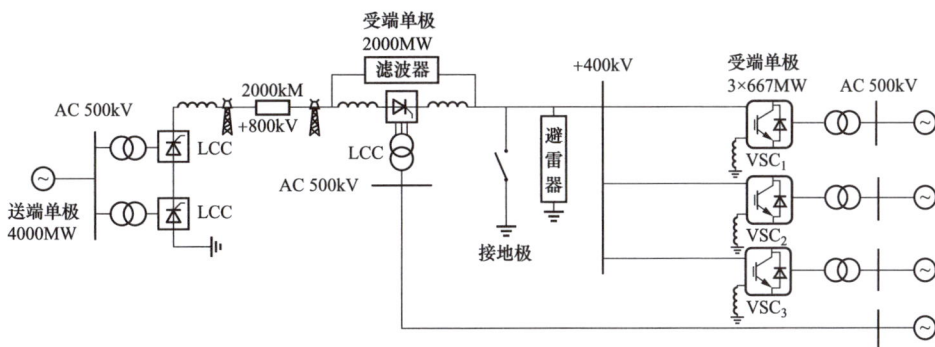

图 6-1 白鹤滩工程示意图

6.2 典型故障工况

白鹤滩工程中，受端交流系统发生短路故障时，受端高端 LCC 换相失败、LCC 阀旁通后架空线直流电流对低端 VSC 换流阀中的电容充电；另外受端交流故障引起 VSC 传出功率能力受阻，这两个因素叠加将导致 VSC 系统出现过电压工况。

以 1+3 模式（即受端由 1 个 LCC 和 3 个 VSC 换流站构成）下三相短路故障为例，对系统进行仿真。仿真中所用 VSC 采用等效子模块，VSC 单个桥臂所含子模块数为 55 个，每个子模块正常运行时的电压为 7.27kV（对应实际工程中的子模块电压值为 2kV）。设定第 6s 时发生三相短路故障，故障持续时间为 10ms。图 6-2 为 PSCAD 的仿真结果。从图 6-2 中可以看出 VSC 子模块电容电压最高达到 15kV（对应实际子模块过电压 4.12kV），超过 IGBT 耐压能力（考虑实际子模块过电压限值为 3kV）。此时，若无保护措施，VSC 换流阀内的子模块极有可能因过电压而损毁。

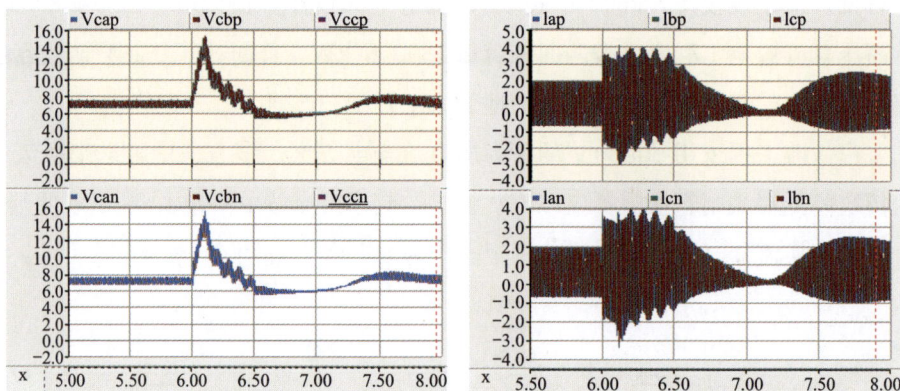

图 6-2　无保护措施时，交流三相故障后 VSC 上的电压和电流变化曲线

使用消能装置并联在 400kV 直流母线上，来抑制瞬时性故障引起的 VSC 系统过电压问题。当直流母线电压过高时，避雷器动作吸收盈余功率，并能维持直流母线电压。当直流母线电压降低至避雷器的动作电压后，避雷器自动退出。

6.3 系 统 参 数

6.3.1 额定电压和绝缘水平参数

本工程中消能装置额定电压和绝缘水平参数见表 6-1。

表 6-1　　　　　　　　消能装置额定电压和绝缘水平参数

序号	名称	单位	标准参数值
一	高压端对地		
1	额定直流电压	kV	480
2	持续运行电压	kV	440
3	最低运行电压	kV	275
4	额定直流耐受电压，对地	kV	720
5	额定操作冲击耐受电压峰值，对地	kV	957
6	额定雷电冲击耐受电压峰值，对地	kV	982
7	无线电干扰电压	μV	≤500
8	局部放电	pC	<10
二	可控元件端间		
1	持续运行电压	kV	77
2	额定直流耐受电压，端间	kV	116
3	额定操作冲击耐受电压峰值，端间	kV	137
4	额定雷电冲击耐受电压峰值，端间	kV	147
5	爬距计算电压	kV	77
三	中压侧（可控元件高压端）对地		
1	额定直流耐受电压，对地	kV	227
2	额定操作冲击耐受电压峰值，对地	kV	637
3	额定雷电冲击耐受电压峰值，对地	kV	722
四	中性线对地		
1	额定电压，对地	kV	150
2	额定直流耐受电压，对地，1h	kV	225
3	额定操作冲击耐受电压峰值，对地	kV	500
4	额定雷电冲击耐受电压峰值，对地	kV	575

6.3.2 额定工况电流波形

消能装置在额定工况时流过固定元件的最大电流，即流过控制开关（包括晶闸管触发开关、快速机械触发开关和旁路开关）的总的最大电流波形如图 6-3 所示。

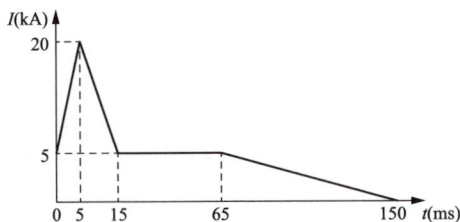

图 6-3 额定工况消能装置动作电流波形图

6.3.3 极端工况电流波形

消能装置中的避雷器本体采用 60mm 金属垫块进行电弧隔离，即使某一柱中存在一个缺陷阀片，当缺陷阀片发生沿面闪络时，金属垫块将阻止电弧发展，防止避雷器发生整柱闪络击穿，但仍然不能排除存在整柱击穿闪络的可能性。

当消能装置固定元件发生压力释放时，相当于将直流电压−400kV 和中性线直接短接，电弧电阻很小，此时流过控制开关总电流幅值和持续时间如图 6-4 所示。这种极端工况共分为以下两种可能：

（1）当控制开关还未合闸时，固定元件已经发生压力释放，此时避雷器可控元件会同时发生压力释放，此后如合上控制开关，电流才会转移到控制开关支路。

（2）当控制开关合闸后固定元件发生压力释放，此时下述暂态电流波形将会流过控制开关。

故障工况消能装置动作电流波形如图 6-4 所示。

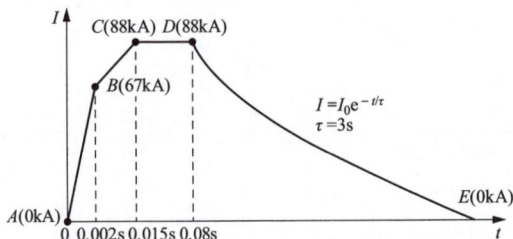

图 6-4 故障工况消能装置动作电流波形图

根据上述暂态电流波形可得暂态电流与时间的函数关系式：

$$f_1(t) = 33500t \, (0 \leqslant t < 0.002)$$

$$f_2(t) = \frac{21}{0.013}t + 63.77 \, (0.002 \leqslant t < 0.015)$$

$$f_3(t) = 88 \, (0.015 \leqslant t < 0.08)$$

$$f_4(t) = 88e^{\frac{8}{300}} \times e^{-\frac{t}{3}} \, (t \geqslant 0.08)$$

短路电流热效应 $Q = \int_{t_2}^{t_1} I^2 dt$ 。

根据上述公式计算得到其热效应值，并与 63kA/3s、4kA/4s 的热效应值进行对比，见表 6-2。

表 6-2　　　　　　极端暂态工况电流波形及其他设备热效应值

序号	名称	参数	备注
1	88kA/τ=3s 暂态波形热效应值（kA^2·s）	12200.9	
2	63kA/3s 热效应值（kA^2·s）	12201	
3	88kA/0.1s 暂态波形热效应值（kA^2·s）	739.5	
4	40kA/4s 热效应值（kA^2·s）	6400	快速机械触发开关短时耐受能力
5	饱和电抗器短时耐受试验（自然冷却，75kA，3 个 17ms 半波）（kA^2·s）	143.44	

6.4　单　线　图

消能装置触发开关方案采用晶闸管触发开关 K0 和快速机械触发开关 K1 冗余方案，即当消能装置控制保护系统收到极控发来的合闸指令后，两个触发开关任意一个合上，就可以达到限制 VSC 两端过电压的目的。

避雷器本体采用金属氧化物限压器，控制开关方案为晶闸管触发开关 K0、快速机械触发开关 K1 和旁路开关 K2 的组合。主要性能指标包括：

（1）晶闸管触发开关 K0 采用自然冷却方式，能够在 1ms 内导通；

（2）快速机械触发开关 K1 能够在 5ms 内合上；

（3）旁路开关 K2 保证在 25ms 内合闸，并能开断 10A 直流电流。

消能装置的使用工况共分为以下两种：

（1）使用工况为消能装置固定元件和可控元件一起接入系统，吸收能量。

（2）使用工况即 VSC 子模块平均值电压大于定值后，VSC 阀控发送消能装置投入命令给 VSC 极控系统，VSC 极控发送合闸命令给消能装置控制装置，消能装置控制装置接收到来自极控的合闸指令后，将同时向晶闸管触发开关、快速机械触发开关和旁路开关发送合闸命令：

1）K0 在收到触发命令后 1ms 内导通，将消能装置可控元件短接，消能装置固定元件将 VSC 两端的电压限制在设计范围之内。

2）K1 将在收到触发命令后 5ms 内合闸，K0 上的电流将转移到 K1 上，K0 支路中流过的电流小于其维持电流而自然关断并闭锁。

3）K2 将在收到合闸命令后 25ms 内合闸，此时 K1 和 K2 通过二者之间的回路阻抗而自然分流。

4）此后，消能装置固定元件电流始终流过 K1 和 K2，持续时间约 150ms，当消能装置控制保护系统收到极控发来的分闸命令后，首先将 K1 分闸，待 K1 分闸成功后，最后将 K2 分闸，消能装置故障穿越成功。

若消能装置固定元件吸收能量接近其额定吸收能量时，则将旁路设备 BPS 合闸（并联在 -400kV 直流母线与中性线之间），防止消能装置因能量超标而损坏。

6.5 主设备设计

消能装置包含固定元件和可控元件，均采用复合外套，并采用单柱单外套方式，即每支复合外套内部仅安装一柱阀片，并在阀片间采用一定厚度的金属片将每片阀片隔离，防止单个阀片失效导致整柱闪络。

6.5.1 避雷器本体设计

固定元件和可控元件采用 QA22（$\phi100mm\times22mm$）电阻片，整体 107 串 112 并，含 20% 热备用 136 并。其中固定元件 88 串 112 并，含热备用 136 并；可控元件 19 串 112 并，含热备用 136 并；可控比 17.8%。固定元件和可控元件主要参数见表 6-3。

表 6-3 **消能装置固定元件和可控元件技术参数**

序号	名称		单位	标准参数值	保证值
一	消能装置固定元件参数				
1	持续运行电压	动作前	kV	364	364
		动作后	kV	440	440
2	泄漏电流	动作前	mA	技术规范书	≤10.2
		动作后	A	<5	<5
3	5kA 下的残压		kV	540	≤540
4	不均匀系数（推荐值）			1.05	≤1.05
5	能量吸收能量（不含热备用）		MJ	≥320	≥320
6	热备用			20%	20%
7	直流 1mA 参考电压			≥440kV	≥440kV/柱
8	75%直流 1mA 参考电压下的泄漏电流		μA	技术规范书	≤6800
9	4/10μs 大冲击耐受电流		kA/柱	100	100
10	动作负载			技术规范书	200J/cm³
11	压力释放能力	大电流	kA	63	63
		小电流	A	600	600
12	额定直流耐受电压，端间		kV	660	660
13	额定操作冲击耐受电压峰值，端间		kV	642	642
14	额定雷电冲击耐受电压峰值，端间		kV	680	680
15	最大冷却时间		h	技术规范书	3.5
16	爬距计算电压		kV	440	440
二	消能装置可控元件参数				
1	持续运行电压		kV	77	77
2	直流 1mA 参考电压			技术规范书	≥96kV/柱
3	75%直流 1mA 参考电压下的泄漏电流		μA	技术规范书	≤6800
4	4/10μs 大冲击耐受电流		kA/柱	100	100
5	动作负载			技术规范书	200J/cm³
6	压力释放能力	大电流	kA	63	63
		小电流	A	600	600
7	额定直流耐受电压，端间		kV	116	116
8	额定操作冲击耐受电压峰值，端间		kV	137	137
9	额定雷电冲击耐受电压峰值，端间		kV	147	147
10	爬距计算电压		kV	77	77
三	绝缘子				
1	绝缘子材质			复合	复合

序号	名称	单位	标准参数值	保证值
2	额定电压	kV	150	150
3	额定直流耐受电压，对地，1h	kV	225	225
4	额定操作冲击耐受电压峰值，对地	kV	500	500
5	额定雷电冲击耐受电压峰值，对地	kV	575	575

避雷器图纸如图 6-5、图 6-6 所示。

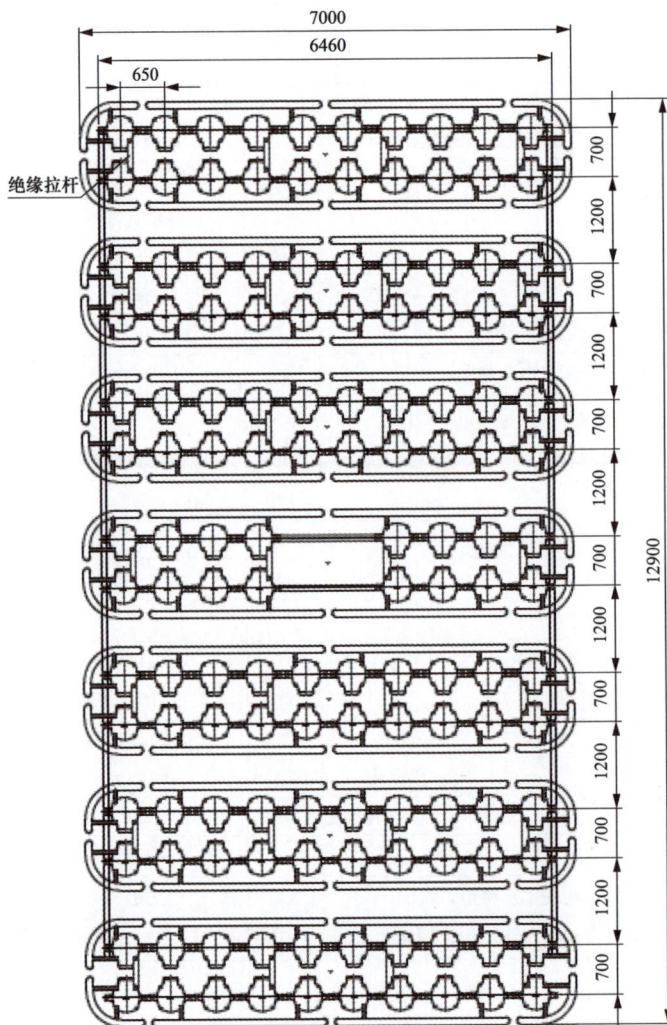

图 6-5　避雷器本体平面布置图（单位：mm）

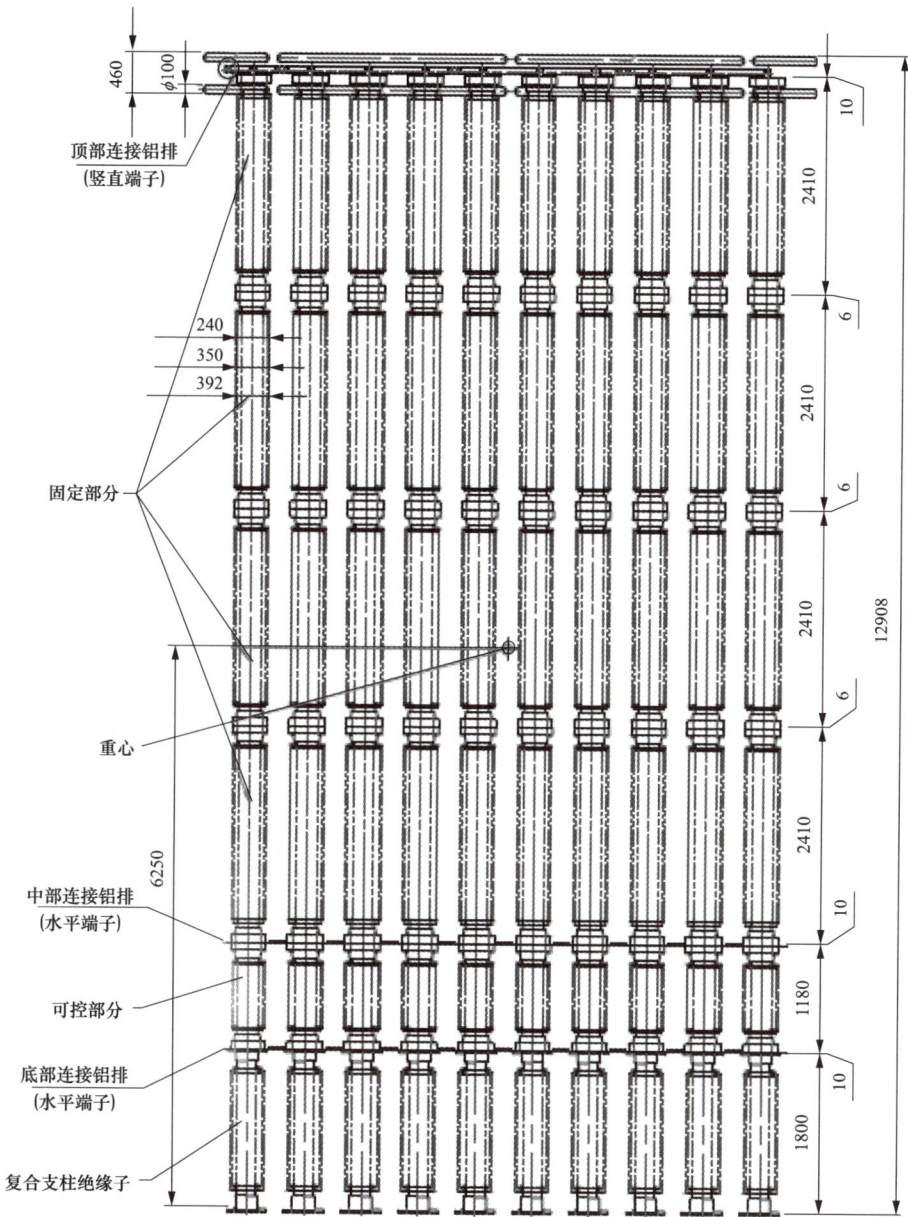

图 6-6　避雷器本体侧视图（单位：mm）

6.5.2　晶闸管触发开关设计

1. 技术规范

触发开关方案采用晶闸管触发开关（K0）和快速机械触发开关（K1）冗

余方案，即当消能装置控制保护系统收到极控发来的合闸指令后，两个触发开关任意一个合上，就可以到达限制 VSC 两端过电压的目的。K0 由多级晶闸管级串联组成，每晶闸管级包含晶闸管及配套的阻容均压回路、静态均压电阻和晶闸管控制单元（TCU），多级晶闸管配置一个饱和电抗器。因晶闸管触发开关仅在直流系统过电压期间短时导通，因此采用自然冷却方式。晶闸管触发开关技术参数见表 6-4。

表 6-4　　　　　　　　　　　晶闸管触发开关技术参数

序号	名称		标准参数值	保证值
	消能装置触发开关			
1	开关类型		晶闸管	晶闸管
2	导通时间（开关接到命令到完全导通）(ms)	晶闸管	≤1	≤1
3	额定电压（kV）		77	77
4	关合电流（额定工况，波形见图 6-3）(kA)		20	20
	关合电压（kV）		119	119
5	关合电流（故障工况，波形见图 6-4）(kA)	晶闸管	55	55
	关合电压（kV）		137	137
6	额定峰值耐受电流（kA）		20/88	20/88
7	额定短时耐受电流及耐受时间（kA/s）	晶闸管	技术规范书	58/0.0177
8	触发次数（带负载）(次)		≥200	≥200
9	快速机械触发开关机械寿命（次）		2000	2000
10	连续触发次数（操作循环）(次)	晶闸管	≥2	≥2
11	额定直流耐受电压，端间 (kV)	晶闸管	1.6×77 (1min), 1.3×77 (3h)	1.6×77 (1min), 1.3×77 (3h)
12	额定操作冲击耐受电压峰值，端间 (kV)		137	137
13	额定雷电冲击耐受电压峰值，端间 (kV)		147	147
14	低端对地绝缘水平参考绝缘平台			低端对地绝缘水平参考绝缘平台

2. 电气参数设计

本工程选取晶闸管型号为 KP5500A/8500V。

（1）暂态温升校核。K0 正常运行时为闭锁状态，只在系统过电压期间短时导通，主要考核其短时电流耐受能力，即短时电流下的晶闸管结温是否满足要求，在满足要求的情况下可采用自然冷却方式，简化设备配置，降低造价。

对于 K0 最严重的故障情况为：直流系统过电压，消能装置无异常，K0 导通，由固定元件限制过电压、切除故障，故障电流峰值为 20kA；重投于故障，直流系统过电压，K0 导通，消能装置固定元件击穿，整体故障电流峰值 88kA。在最严重故障工况下，对 K0、K1、K2 之间的分流情况进行了仿真，K0 上电流波形如图 6-7 所示，并对 K0 在图 6-7 电流波形下的结温进行了仿真校核。

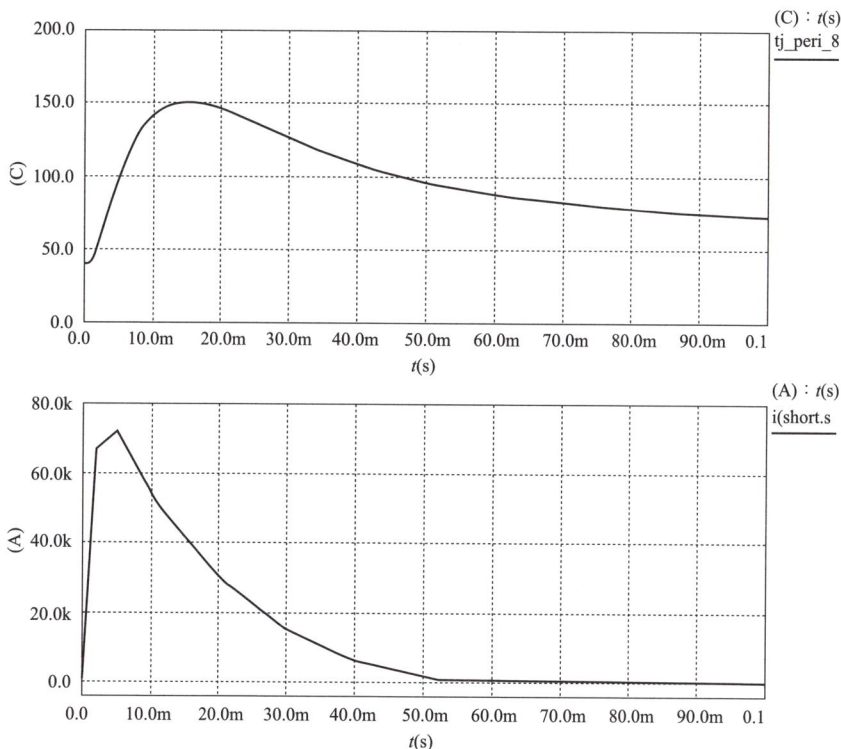

图 6-7　短时电流下晶闸管结温

环境温度为 40℃，晶闸管 KP5500A/8500V 在短时电流下的结温为 150℃，K0 导通后，K1 和 K2 将先后导通，K0 两端电压为零，因此在承受短时电流后，其阻断能力满足要求。

（2）串联级数。串联级数按两种方法进行校核：操作冲击耐受电压及晶闸管断态重复峰值电压；操作冲击电压下保护晶闸管（BOD）保护不动作。

1）操作冲击耐受电压及晶闸管断态重复峰值电压泄流晶闸管阀最小串联级数计算公式为

$$N_{\min} = \frac{U_{SIWL} \times k_1}{U_{DRM}}$$

式中　U_{SIWL}——要求的操作冲击耐受电压，取值 137kV；

　　　k_1——阀内电压不均匀系数，取值 1.1；

　　　U_{DRM}——晶闸管的断态重复峰值电压。

得到晶闸管的串联级数为 18，按 10% 考虑冗余，总级数为 20。

2）操作冲击耐受电压下 BOD 保护不动作，晶闸管阀最小串联级数计算公式为

$$N_{\min} = \frac{U_{SIWL} \times k_2}{U_{BOD}}$$

式中　U_{SIWL}——要求的操作冲击耐受电压，取值 137kV；

　　　k_2——安全系数，取值 1.05；

　　　U_{BOD}——晶闸管控制单元（TCU）的 BOD 保护电压，初期按 7100V 进行晶闸管级数校核（实际为 8100V）。

得到晶闸管的串联级数为 21，按 10% 考虑冗余，总级数为 24。

综合上述两种方法，晶闸管的串联级数为 21，冗余级数为 3，总级数为 24。晶闸管触发开关中阀组相关设计参数见表 6-5。

表 6-5　　　　　　　　晶闸管触发开关设计参数汇总

序号	参数		值	单位
1	晶闸管型号		KP 5500A-8500V	
2	并联数		1	
3	串联晶闸管级数		21	级
4	串联晶闸管冗余级数		3	级
5	阻尼电容		2	μF
6	阻尼电阻		32	Ω
7	静态均压电阻		150	kΩ
8	饱和电抗器	主电感	550	μH
		电压时间面积	150	mV·s
9	短路电流耐受能力		58/17.7	kA/ms

3. 取能及 BOD

TCU 同时具备交流和直流取能。

TCU 具备 BOD 功能，晶闸管级端间电压超过 TCU 的 BOD 电压后，TCU 将自动触发晶闸管来保护晶闸管不受损坏。

4. 触发脉冲模式

消能装置的晶闸管触发开关仅在系统故障期间短时导通，其触发模式与常规换流阀、柔性直流阀采用在某一触发角触发模式不同。当直流系统监测到过电压后，极控发控制开关合闸命令给消能装置控制装置，控制装置发送连续的触发命令（CP）给阀控装置，阀控装置在接收到控制装置的 CP 以及 TCU 的回报信号（IP）后发送触发命令（FP）给 TCU 来导通晶闸管。

若晶闸管触发开关中的晶闸管非正常关断，由于控制装置在持续发出 CP，晶闸管关断后，其对应的 TCU 将很快发出 IP 信号，阀基电子设备（VBE）同时接收到 CP 和 IP，将再次发出 FP 给 TCU 来触发导通晶闸管，能有效保证晶闸管的非正常关断。

5. 晶闸管状态巡检

常规晶闸管阀如直流换流阀、SVC 等，晶闸管都用于交流系统中，TCU 采用的是交流取能。该次晶闸管触发开关用于直流系统，若仍采用常规晶闸管阀模式，TCU 在消能装置第一次上电过程中仍可取能，但由于电压不会翻转，TCU 的取能状态不会再发生变化，运行过程中无法获知晶闸管触发开关的功能是否正常，因此晶闸管触发开关的控制系统需要实时检测其状态。

状态巡检方案：消能装置带电运行无异常、K0 处于断态、K1 和 K2 分位时，每隔一段时间，依次给每个晶闸管发出触发命令，晶闸管开通，阻容回路通过该级晶闸管放电，随后该级晶闸管电流低于维持电流，再次关断，晶闸管级电压开始上升，TCU 开始直流取能，取能电压建立后，且晶闸管级电压大于 IP 回报门槛值，TCU 给 VBE 发送回报 IP，若 VBE 收到该 IP，则认为晶闸管完好，否则认为该级晶闸管故障。若晶闸管级故障数量超过冗余级数，告警通知运维人员进行进一步处理。

6. 结构设计

晶闸管触发开关 K0 由 24 级晶闸管级组成，每 6 级为一个组件和一个饱和电抗器串联，每两个组件为一层，分两层上下叠装、卧式布置，进出线方式为

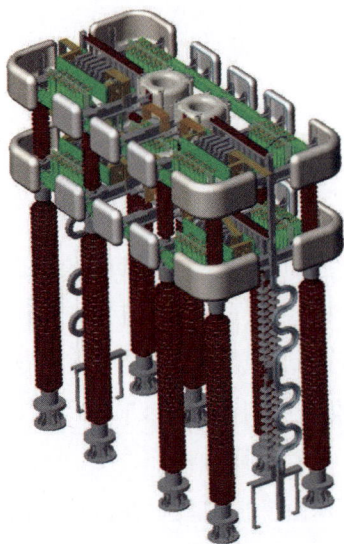

图 6-8　晶闸管触发开关整体结构设计图

上进下出，整体结构如图 6-8 所示。整体尺寸为 4514mm×4655mm×2080mm（宽×高×深）。

6.5.3　均压电阻设计

1. 参数设计

因晶闸管触发开关 K0 并联在消能装置可控元件两端，晶闸管的断态阻抗及并联的静态均压电阻会改变可控元件的整体阻抗，因此需在消能装置的固定元件并联一个均压电阻，使消能装置的固定元件和可控元件的均压保持不变。

根据消能装置单线图，设计固定元件两端的均压电阻时，固定元件和可控元件在持续运行电压附近的电阻、固定元件和可控元件的杂散电容、晶闸管触发开关 K0 的断态阻抗、晶闸管触发开关 K0 中的静态均压电阻和阻容回路、快速机械触发开关 K1 断口间的均压电阻、电子式电阻分压器的电容和电阻均需考虑，如图 6-9 所示。

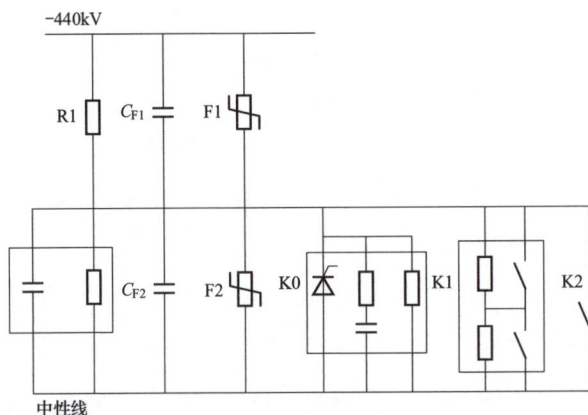

图 6-9　消能装置内各设备电阻和电容示意图

经仿真计算，均压电阻为 15MΩ 可满足荷电率小于 82% 的要求。

均压电阻主要技术参数见表 6-6。

表 6-6   均压电阻参数表

序号	项目	单位	参数值
1	额定电压	kV	440
2	持续运行电压	kV	362
3	额定电阻	MW	15
4	阻抗允许偏差	%	−5～0
5	串并联结构		先并联后串联
6	串联电阻元件数		24
7	并联电阻元件数		16
8	直流耐受电压，端间［3h，1.3（标幺值）］	kV	572
9	直流耐受电压，端间［1min，1.6（标幺值）］	kV	704
10	额定操作冲击耐受电压峰值，端间	kV	642
11	额定雷电冲击耐受电压峰值，端间	kV	680
12	直流耐受电压，支撑绝缘子对地（1h）	kV	720
13	额定操作冲击耐受电压，支撑绝缘子对地	kV	957
14	额定雷电冲击耐受电压，支撑绝缘子对地	kV	982
15	持续运行电压下温升	K	≤60
16	直流 3h 耐受电压下温升（572kV＝1.3×440kV）	K	≤105
17	直流 1min 耐受电压下温升（704kV＝1.6×440kV）	K	≤125
18	设备质量	kg	2650
19	最大运输质量	kg	600
20	支柱绝缘子干弧距离	mm	≥4400

均压电阻元件采用高纯度氧化铝瓷管，表面涂覆导电浆料高温烧结后形成，外表面涂附耐温绝缘涂料（可长期耐受 250℃运行使用），具有耐压高、耐腐蚀、稳定性高等特点，广泛用于电力装置中分压、均压、分流、充放电及负载，性能稳定可靠，有数十年的高压运行经验，电阻元件技术参数见表 6-7。

表 6-7   电阻元件技术参数表

序号	项目	单位	参数值
1	电阻元件规格型号		10MW/200W
2	阻值误差		±5%
3	极限电压（DC）	kV	90
4	电阻元件额定功率（使用时）	W	33.85
5	电阻元件材质		厚膜电阻
6	电阻元件骨架		Al_2O_3 95％瓷件
7	电阻元件保护涂层材质		有机硅树脂高温阻燃涂料
8	电阻元件帽盖材质		镀镍铜帽
9	电阻元件质量	kg	0.3

2. 结构设计

均压电阻元件采用厚膜电阻（无感电阻）串并联方式构成，且采用先并联然后串联的结构形式。

产品设计采用 16 并 24 串结构，共用 384 根厚膜电阻元件。

两个电阻元件中间采用过盈连接方式连接组成电阻组件，如图 6-10 所示。

图 6-10 两个电阻元件组成的电阻组件

采用多根引拔棒固定上下金属法兰组成电阻模块的固定支撑结构，电阻组件布置在外侧，并通过三足支撑片固定在金属法兰上，减小电阻组件在装配、运输及运行中受到的弯曲应力，同时还能解决电阻组件长度公差带来的装配问题。上下金属法兰中间设计散热孔，电阻组件上不承受压力，防止电阻组件因受压而损坏，电阻模块结构如图 6-11 所示。

四个电阻模块串联组成一个均压电阻单元，如图 6-12 所示。

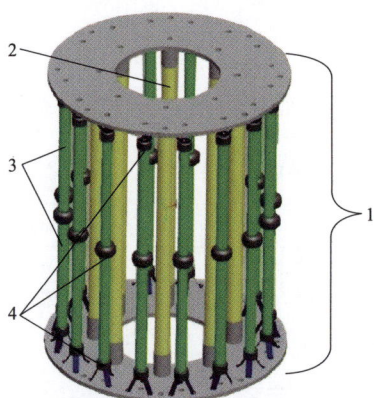

图 6-11 电阻模块结构

图 6-12 电阻模块结构

1—电阻模块；2—环氧玻璃丝引拔棒；

3—电阻元件；4—帽盖

整个均压电阻有 3 个均压电阻单元串联组成，如图 6-13 所示。

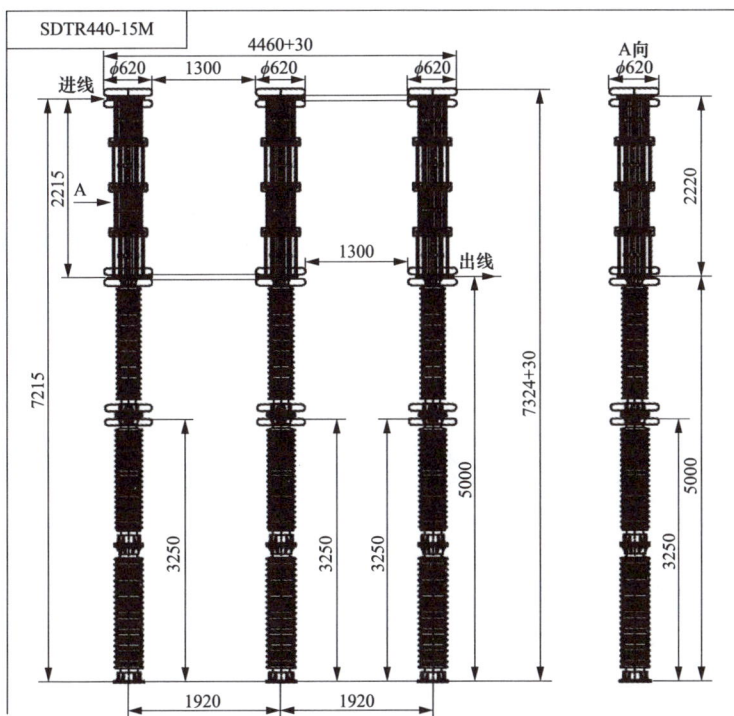

图 6-13   均压电阻设计图（单位：mm）

6.5.4   快速机械触发开关设计

1. 技术参数

快速机械触发开关 K1 技术参数见表 6-8。

表 6-8   快速机械触发开关技术参数

序号	名称	参数值	保证值
消能装置触发开关——快速机械触发开关			
1	开关类型	快速机械触发开关	快速机械触发开关
2	快速机械触发开关（ms）	≤5	≤4.5（优于）
3	额定电压（kV）	77	77
4	关合电流（额定工况）（kA）	20	20
	关合电压（kV）	119	119

续表

序号	名称		参数值	保证值
5	关合电流（故障工况）（kA）	快速机械触发开关	88	88
	关合电压（kV）		137	137
6	额定峰值耐受电流（kA）		20/88	20/88
7	额定短时耐受电流及耐受时间（kA/s）	快速机械触发开关	技术规范书	40/4
8	触发次数（带负载）（次）		≥200	≥200
9	快速机械触发开关机械寿命（次）		2000	2000
10	连续触发次数（操作循环）（次）	快速机械触发开关	C-0.3 s-O-C	C-0.3 s-O-C
11	额定直流耐受电压，端间（kV）	快速机械触发开关	1.5×77（1h）	1.5×77（1h）
12	额定操作冲击耐受电压峰值，端间（kV）		137	137
13	额定雷电冲击耐受电压峰值，端间（kV）		147	147
14	低端对地绝缘水平参考绝缘平台			低端对地绝缘水平参考绝缘平台

2. 结构设计

快速机械触发开关采用真空断口串联的技术路线。具体设计思路如下：

（1）采用具有微秒级响应速度的电磁斥力操动机构。

（2）采用真空灭弧室作为中压断口载体，充分利用真空小间隙的绝缘能力。

（3）将单个断口的触发及操动机构前置，进一步减小操作功率，以适应电磁斥力机构的瞬时动作特性。具体来说将电磁斥力机构、中压供能设备前置至

图 6-14　快速机械开关
整体结构设计图

每个中压开关断口对应电位处，去掉随电压等级增加的绝缘拉杆的质量，减小运动部件的总质量及驱动器的惯性，增大驱动速度，提高开关的操作速度。

结合本工程技术要求，采用双断口串联设计，能够实现 4.5ms 快速合闸和承受 137kV 操作冲击、147kV 雷电冲击的技术要求。其中，单个断口由开关本体、储能触发控制单元、供能变压器构成，采用一体化模块化设计。两个断口通过铜排串联连接，快速机械开关整体结构设计如图 6-14 所示，

整体尺寸为 3650mm×5200mm×1255mm（宽×高×深）。

3. 开关本体结构

开关本体包含真空灭弧室及斥力机构、缓冲机构和保持机构，三者的机构设计均依据电气设计结果，在满足工程需求的前提下，以响应快速精准、性能可靠耐久为目标，在结构设计和制造工艺上精益求精，保证产品质量。

（1）真空灭弧室及斥力机构。真空灭弧室是用密封在真空中的一对触头来实现电力电路的接通与分断功能的一种电真空器件，用高真空作为绝缘及灭弧介质。真空灭弧室的基本结构主要由以下几部分构成：

1）气密绝缘系统。由玻壳（或陶瓷壳）及动、定端盖板和不锈钢波纹管组成气密绝缘系统，起气密绝缘作用。

2）导电回路。主要由一对触头（电极），动、定触头座，动、定导电杆组成，起接通与断开回路的作用。

3）屏蔽系统。该部分通常由环绕触头四周的金属屏蔽筒构成，主要作用是防止触头在燃弧过程中产生的大量金属蒸汽和液滴喷溅、污染绝缘外壳的内壁，造成管内绝缘强度下降。其次还可以改善管内电场分布，提高绝缘强度。

4）波纹管。波纹管是由厚度为 0.1～0.2mm 的不锈钢制成的薄壁元件，是真空灭弧室的一个重要的结构零件，它使动触头在真空状态下运动成为可能，是保证真空灭弧室机械寿命的重要零件。真空灭弧室在安装、调整及使用过程中，应避免波纹管受过量的压缩、拉开甚至扭转，以确保波纹管的使用寿命。

快速机械开关主要利用真空在小间隙下的高绝缘强度，真空灭弧室外形如图 6-15所示。

快速机械开关用真空灭弧室的分合闸速度比常规交流断路器快数倍，对真空灭弧室及其斥力盘的可靠性提出更高的要求，通过仿真分析与试验结合的方法，对不同材质、力学性能、结构形式的触头进行动力学仿真，优化迭代真空灭弧室设计，所

图 6-15　真空灭弧室外形图

选真空灭弧室满足机械强度要求。灭弧室动触头墩粗效应仿真分析如图 6-16 所示。

应用 Ansys 瞬态动力学模块对组成电磁斥力机构的斥力盘进行仿真分析，以确定其合适的材料、设计参数。斥力盘瞬态应力分布如图 6-17 所示。

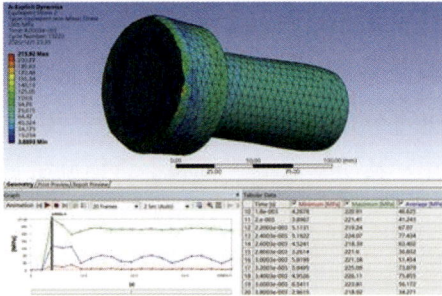

图 6-16　灭弧室动触头墩粗效应仿真分析 图 6-17　斥力盘瞬态应力分布图

借助仿真分析工具为关键零部件的设计选型提供依据，提高了设计准确度及迭代效率。

（2）高速混合式缓冲机构。考虑到快速机械开关的应用需求，操动机构必须在极短的时间（数毫秒）及很短的距离内（数毫米）停止，因此采用一种混合式缓冲器方案：实现动能迅速消耗的电磁斥力缓冲作为第一级缓冲，实现动能后续消耗的液压缓冲器作为第二级缓冲，上述第一级、第二级缓冲相互配合共同实现高速缓冲功能。

（3）双稳态保持机构。双稳态保持机构的作用是提供断口在分合闸位置时所需的保持力。现有电磁斥力操动机构通常配备的是碟形弹簧。碟形弹簧通过自身变形提供保持力，但由于开关机械寿命较高，碟形弹簧寿命上很难满足几千甚至上万次的分合操作。

通常，开关断口需要提供数千牛的分合闸保持力，以保证合闸状态下的接触电阻足够小，以及控制分闸弹跳。

该方案采用一种基于压缩弹簧的双稳保持机构，依靠开关分、合闸时对弹簧的压缩产生的反力提供断口所需要的分、合闸保持力，其原理如图 6-18、图 6-19 所示。

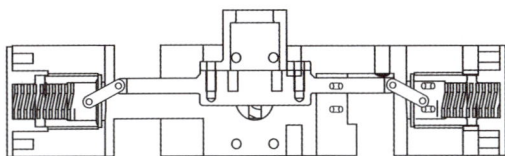

图 6-18   双稳弹簧机构示意图

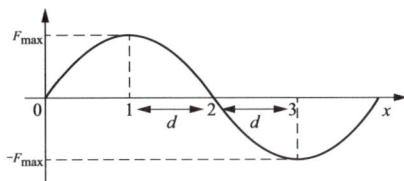

图 6-19   双稳保持机构力学曲线

同时双稳弹簧机构采用拉杆轴心对称设计，避免导杆滑块机构的运动死点，保证开关稳态保持的可靠性。

4. 储能触发控制单元

该工程快速机械开关采用电磁斥力原理，需要配置控制回路，完成对机械开关的驱动及与系统的通信。

储能触发控制单元主体内部结构由以下部分组成：

（1）储能电容器。存储电磁斥力机构所需电能。

（2）触发单元。由电力电子器件组成，提供微秒级放电触发。

（3）控制板卡。操控储能触发电路的各功能单元，保证各部分协同工作。

储能触发控制单元整体安装在柜体内，如图 6-20 所示。

其结构特点如下：

（1）结构布局清晰，一次器件和二次板卡区域划分明确，有效避免一次高压强电流对板卡回路的干扰。

（2）内置多条走线槽，多数线束隐藏布置，整体视觉整洁明了。

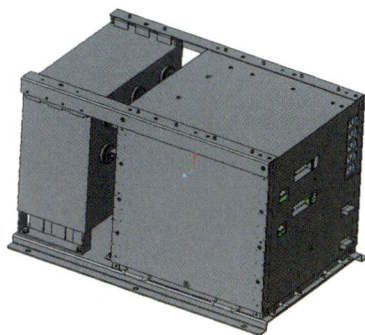

图 6-20   储能触发控制单元

（3）一次电气回路采用整体压装硅堆结构，利用半导体器件压装力相同的特性将一次回路中的半导体器件整体压装布置，消除了器件之间的冗余连线，使结构更加紧凑。

（4）储能及控制单元外部采用一体化屏蔽罩，可有效屏蔽外界的电磁干扰。

5. 供能变压器

按照电气设计和绝缘设计的结果，快速机械开关的供能变压器采用两级变压器串联的方案，并将变压器串联放置在一体式套管中，结构紧凑，可靠性高。

单级变压器采用环氧固体绝缘形式，降低了设备体积。单级变压器单元结构如图 6-21 所示，主要包括输入绕组、输出绕组、铁芯及高压引出铜棒，采用环氧树脂浇注，输入、输出绕组间的主绝缘为固体绝缘。

单级变压器及其均压电阻和电容采用如图 6-21 所示设计结构，两级上述变压器单元通过上下串联安装在复合套管中，同时在整体结构上增强了供能变压器的抗震性能。供能变压器外形如图 6-22 所示。

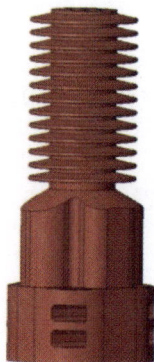

图 6-21　单级供能变压器结构图

图 6-22　供能变压器外形图

6.5.5　旁路开关设计

1. 技术参数

消能装置控制保护系统收到极控发来的合闸指令后，同时发触发开关的导通命令和旁路开关的合闸命令，两个触发开关很快导通，旁路开关 25ms 左右合闸成功，主要起长期通流和 10A 直流电流切断功能。旁路开关主要技术参数见表 6-9。

表 6-9　　　　　　　　　　　旁路开关主要技术参数

序号	名称	要求值	保证值
消能装置旁路开关			
1	型号		ZPLW1-150
2	断口数		2
3	转移电流（kA）	≥5	≥5
4	额定峰值耐受电流（kA）	88	88

序号	名称			要求值	保证值
5	额定短时耐受电流及耐受时间（kA/s）			技术规范书	满足波形要求（等效 63kA/6s）
6	主回路电阻（μΩ）			技术规范书	≤5μW
7	开断固定元件持续电流能力（A）			10	10
	恢复电压（kV）			77kV	85kV
	试验次数			正负极性各 10 次	正负极性各 10 次
8	额定直流耐受电压，端间（kV）			117	120
9	额定操作冲击耐受电压峰值，端间（kV）			137	140
10	额定雷电冲击耐受电压峰值，端间（kV）			147	150
11	低端对地绝缘水平参考绝缘平台（旁路开关对地绝缘要求）			1h 直流耐受电压：341kV。雷电耐受电压：722kV。操作冲击电压：637kV	1h 直流耐受电压：341kV。雷电耐受电压：722kV。操作冲击电压：637kV
12	开断时间（ms）			≤ 70	≤ 70
13	合分时间（ms）			≤110	≤110
14	分闸时间（ms）			≤50	≤50
15	合闸时间（ms）			≤25	≤25
16	分、合闸平均速度	分闸速度（m/s）		3.5～4.5	3.5～4.5
		合闸速度（m/s）		5.5～6.5	5.5～6.5
17	机械稳定性（次）			≥3000	≥3000
18	操动机构形式或型号			液压弹簧	液压弹簧
	电动机电压（V）			AC 380/220	AC 380/220
	合闸操作电源	额定操作电压（V）		DC 220	DC 220
		操作电压允许范围		85%～110%，30%不得动作	85%～110%，30%不得动作
	分闸操作电源	额定操作电压（V）		DC220	DC220
		操作电压允许范围		65%～110%，30%不得动作	65%～110%，30%不得动作
19	操作循环			C-O -C	C-O -C
20	对地耐受电压	雷电冲击耐受电压（kV）		722	722
		操作冲击耐受电压（kV）		637	637
		额定直流耐受电压（kV）		341	341
21	对地爬电距离（mm）			≥6500	≥6500

序号	名称		要求值	保证值
22	断口爬电距离（mm）		≥7600	≥7600
23	20℃时 SF₆ 气体压力	充入压力（MPa）	技术规范书	0.60
		报警压力（MPa）	技术规范书	0.55
		闭锁压力（MPa）	技术规范书	0.50
24	每年漏气率		<0.5%	<0.5%
25	套管颜色		技术规范书	RAL7047
26	启动充储能时间（液压碟簧从自由状态到完全储能状态的最长时间）（s）		90	90
27	噪声水平（操作时）（dB）		90	90
28	旁路开关支架高度（mm）		技术规范书	2130
29	支柱套管电气净距（mm）		技术规范书	1770
30	套管断口间电气净距（mm）		技术规范书	2360

图 6-23　ZPLW1-150 高压
直流旁路开关

2. 产品设计

消能装置旁路开关采用 ZPLW1-150 高压直流旁路开关，如图 6-23 所示。

ZPLW1-150 高压直流旁路开关由单极组成，整体结构呈 T 形，每台开关为单柱双断口结构，包括灭弧室、绝缘支柱和操动机构等。

6.5.6　测量设备设计

1. 测量设备配置

测量装置按控制保护需求分为分支电流测量装置（BCT）、汇流测量装置（JCT）、电子式电阻分压器（VD），所有电流互感器均为全光学电流互感器（OCT）。此外，根据消能装置的运行工况，消能装置控制保护系统还将接入－400kV 母线电压 UDM、中性线母线电压 UDN 和消能装置首尾端电流 IA1/IA0 的信号。

BCT：消能装置本体总共 136 支（含备用），每 10 支避雷器为一组，每组安装一台 BCT，每台 BCT 配置一个光纤环，安装在固定元件高压端，用于测量避雷器的动作电流并判断其均匀性，总共安装 14 台分支电流测量装置。

JCT：共安装 3 台汇流测量装置，均安装在固定元件低压端，JCT1 安装在 K0 和 K1 的汇流母线上；JCT2 安装在快速机械触发开关的高压侧，用于测量流过快速机械触发开关的电流；JCT3 安装在旁路开关的高压侧，用于测量流过旁路开关的电流。JCT1 与 JCT2 电流相减即可得到晶闸管支路上的电流，JCT1 和 JCT3 相加即可得到控制开关总支路的电流，即为固定元件中流过的电流。每台 JCT 配置 4 个光纤环，其中 3 个光纤环给 3 套保护满足三取二要求，另一个光纤环备用。

VD：共安装 1 台电子式电阻分压器，安装在可控元件两端，共配置 4 个远端模块，其中 3 个远端模块各 3 套保护满足三取二的要求，另一个远端模块备用。

IA1/IA0：消能装置首尾端电流互感器 IA1/IA0 不在消能装置的供货范围之内（每台配置 4 个光电转换模块，额定电流 500A，$1\%I_r \sim 10\%I_r$ 精度 1%，$10\%I_r \sim 150\%I_r$ 精度 0.2%），但由于消能装置存在固定元件和可控元件一起吸收能量的工况，但上述配置的 JCT 均无法反应该工况，因此为实现对可控元件的保护，需要将消能装置首尾端电流 IA1/IA0 接入消能装置的保护系统中。

UDM：UDM 即为 -400kV 母线电压互感器，也不在消能装置的供货范围之内，但为了实现对晶闸管状态的巡检工况，需要判别消能装置是否带电，因此需要将 UDM 信号接入消能装置的控制系统中。

UDN：UDN 为中性线母线电压互感器，也不在消能装置的供货范围之内，但为了实现对均压电阻进行监视，即通过 UDM-UDN 得到避雷器两端电压，同时与可控元件两端电压进行对比，从而监视均压电阻的工作状态，需要将 UDN 接入消能装置的控制系统中。

2. 光学电流互感器设计

电流测量装置采用全光学电流互感器，采用光纤传感环测量直流电流，并通过光纤复合绝缘子将信号传输到地面，满足对地绝缘要求，其原理示意如图 6-24、图 6-25 所示。

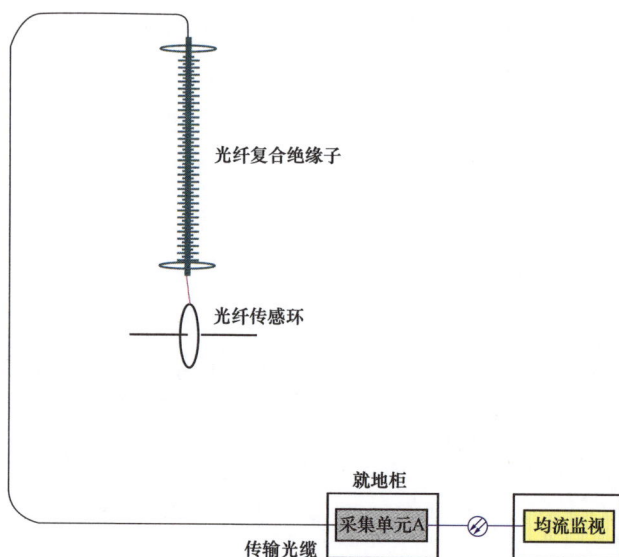

图 6-24　分支光学电流互感器信号传输原理图

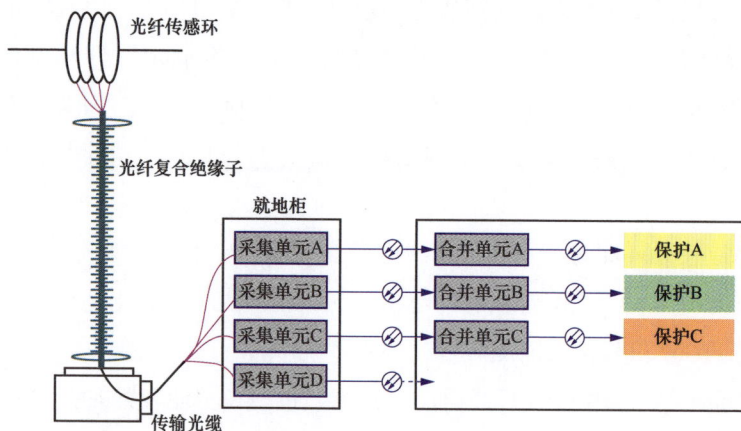

图 6-25　汇流光学电流互感器信号传输原理图

光学电流互感器的技术参数见表 6-10。

表 6-10　　　　　　　　　　　光学电流互感器的技术参数

序号	电流测量装置参数		
	汇流测量装置 JCT		
1	型式或型号	纯光电流互感器	纯光电流互感器
2	额定一次电流（A）	5000	5000

续表

序号	电流测量装置参数		
	汇流测量装置 JCT		
3	额定短时耐受电流及耐受时间（kA/s）	88/9	88/9
4	测量精度（电流互感器整体）	0.2 级	0.2 级
	测量精度　1%～10%I_r	≤1A	≤1A
	10%～134%I_r	±0.2%	±0.2%
	134%～300%I_r	±1.5%	±1%（优于）
	300%～600%I_r	±10%	±2%（优于）
5	阶跃响应上升时间（电流互感器整体）（μs）	<125	<100（优于）
6	采样率	与控制保护厂家确定	10kHz
7	最小截止频率（-3dB）	技术规范书	5kHz
8	最大允许光纤传输信号衰减　总衰减小于（dB）	6	6
	传感器至连接部分之间小于（dB）	2	2
	分支电流测量装置 BCT		
1	型式或型号	纯光电流互感器	纯光电流互感器
2	额定一次电流（避雷器分组按每组10支避雷器）（A）	400	400
3	额定短时耐受电流及耐受时间（kA/s）	7/9	7/9
4	测量精度（电流互感器整体）	0.2 级	0.2 级
	测量精度　1%～10%I_r	±0.5%	±0.5%
	10%～134%I_r	±0.2%	±0.2%
	134%～300%I_r	±1.5%	±1%（优于）
	300%～600%I_r	±10%	±2%（优于）
5	阶跃响应上升时间（电流互感器整体）（μs）	<125	<100（优于）
6	采样率	技术规范书	10kHz
7	最小截止频率（-3dB）	技术规范书	5kHz
8	最大允许光纤传输信号衰减　总衰减小于（dB）	6	6
	传感器至连接部分之间小于（dB）	2	2

BCT 安装在高压侧管母上，考虑到阀厅空间和均压电阻布置，BCT 采用吊装方式，其安装方式如图 6-26 所示。

JCT 直接安装在管母上，其结构设计如图 6-27 所示。

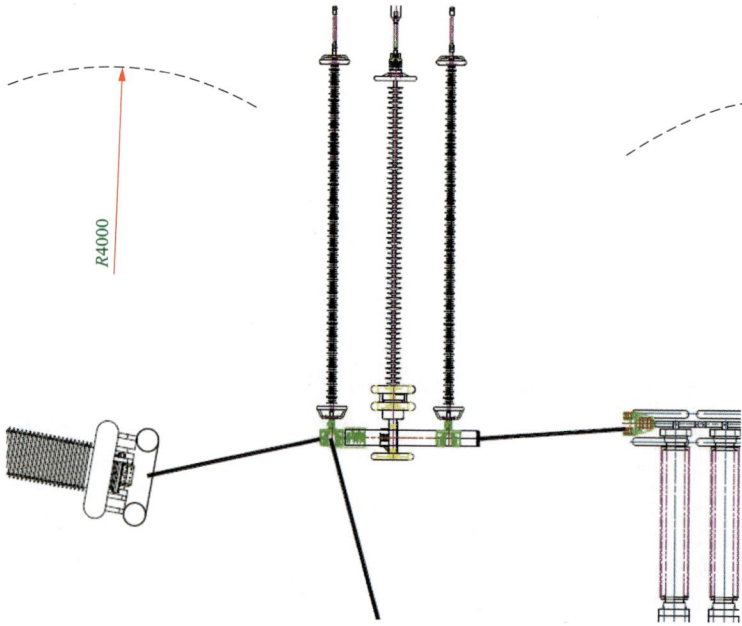

图 6-26　BCT 安装设计图

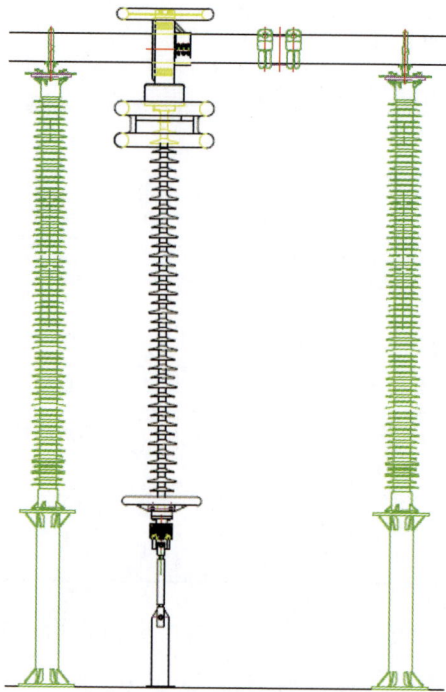

图 6-27　JCT 安装设计图

3. 电子式电阻分压器设计

电子式电阻分压器采用阻容式，在保证额定电压的精度前提下，其阻值选择尽量大，由于电子式电阻分压器测量的是可控元件两端的电压，因此其高电位供能采用激光供电方式，并配置 4 个远端模块，其原理如图 6-28 所示。

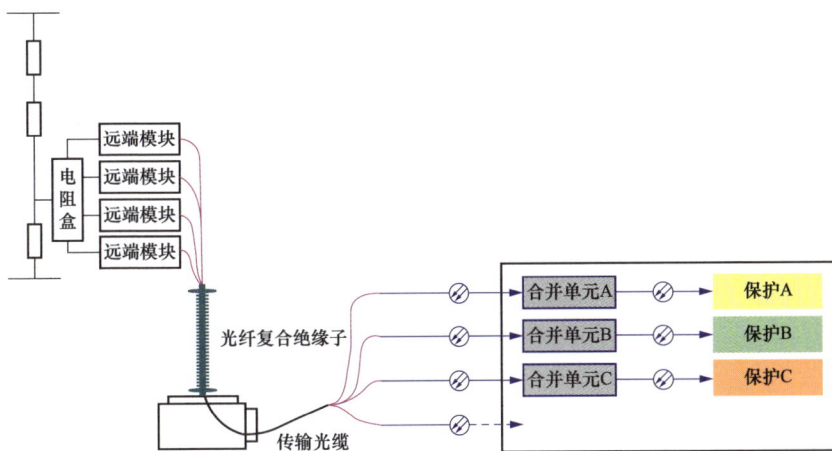

图 6-28　电子式电阻分压器信号传输原理图

电子式电阻分压器采用干式绝缘方式，底部的光纤绝缘子兼具支撑作用，其结构设计如图 6-29 所示。

图 6-29　电子式电阻分压器结构设计图

电子式电阻分压器的主要技术参数见表 6-11。

表 6-11　　　　　　　电子式电阻分压器的主要技术参数

序号	参数名称	技术参数
1	型号	PCS-9250-EAVD
2	A/D 模块数量	4
3	电阻分压器总阻值（MΩ）	200
4	1（标幺值）时电压精度	0.2%
5	0.5～1.5（标幺值）之间电压精度	0.5%
6	1.5～2.0（标幺值）之间电压精度	2%
7	响应时间（μs）	100
8	直流额定电压（kV）＝1.0（标幺值）	100
9	额定直流耐受电压，端间（kV）	116
10	额定操作冲击耐受电压峰值，端间（kV）	137
11	额定雷电冲击耐受电压峰值，端间（kV）	147
12	1h 直流耐受电压（kV，VD 低压端对地）	225
13	操作冲击耐受电压（kV，VD 低压端对地）	500
14	雷电冲击耐受电压（kV，VD 低压端对地）	575

6.6　设备整体布置设计

6.6.1　整体布置要求

为了保证在极端工况下流过快速机械触发开关 K1 的电流较小，在进行设备布置时考虑以下设计要求：

（1）从距离避雷器远近来看，三种控制开关的布置顺序为 K2、K0、K1，保证快速机械触发开关 K1 支路的导体电阻和杂散电阻最大，而 K2 支路的导体电阻和杂散电阻最小。

（2）旁路开关 K2 支路的导体按完整的极端工况下的暂态电流波形（等效热效应为交流有效值 63kA/3.0s）进行校核选取。

（3）快速机械触发开关 K1 支路的导体按交流有效值 4kA/4s 的热效应进行校核选取，保证与快速机械触发开关 K1 的短时耐受能力一致。

（4）晶闸管触发开关 K0 支路的导体按热效应 120kA、2s 考虑。

6.6.2　电气设计

消能装置侧视如图 6-30 所示，消能装置断面图如图 6-31～图 6-33 所示。

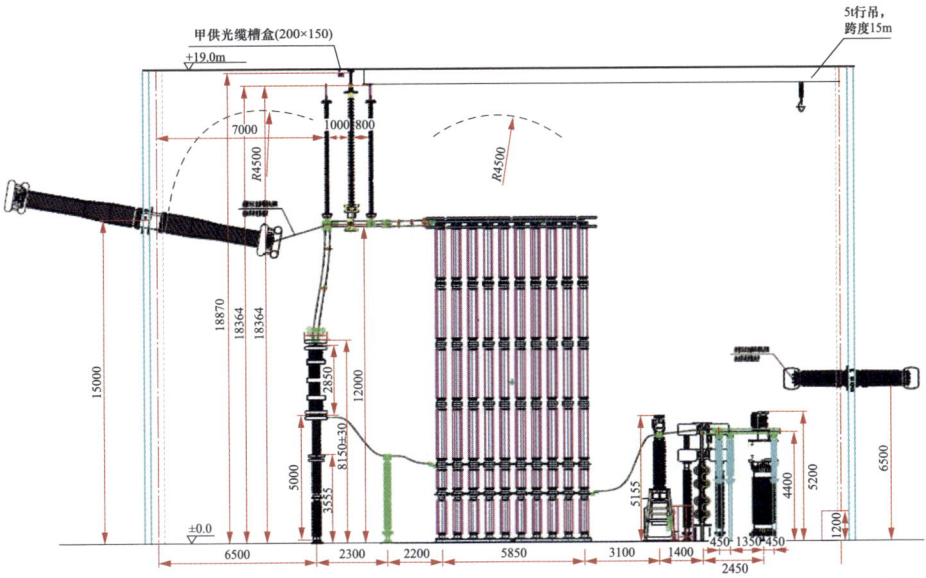

A-A断面图

(a)

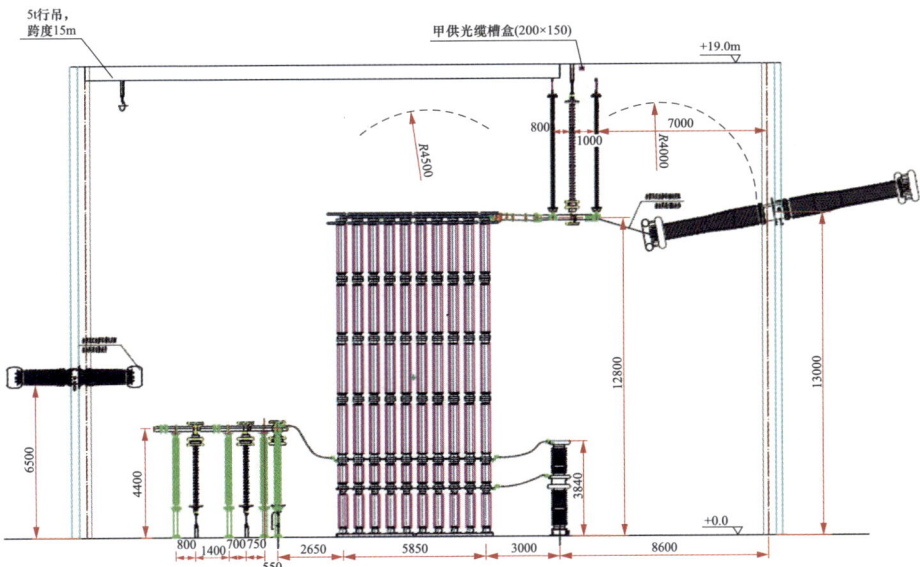

(b)

图 6-30　消能装置侧视图

(a) 左侧视图；(b) 右侧视图

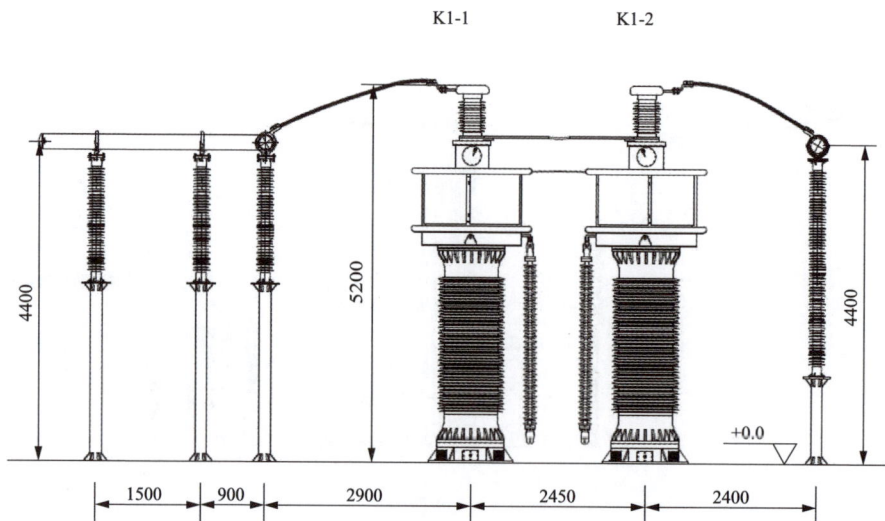

图 6-31　消能装置断面图 1

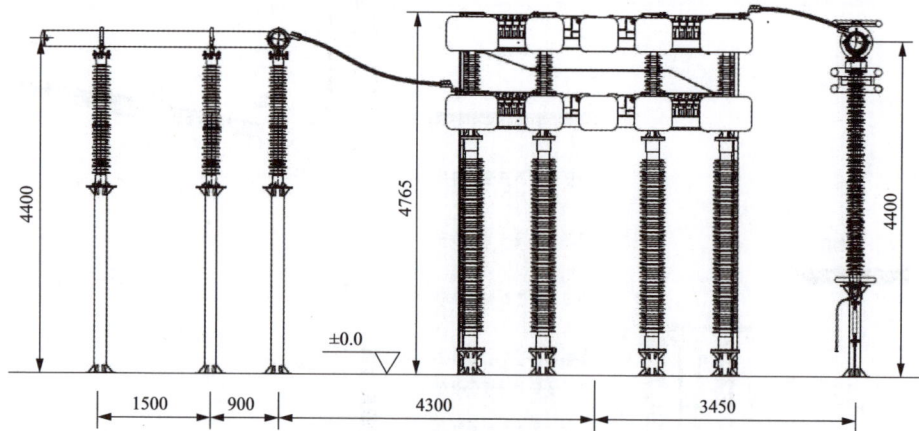

图 6-32　消能装置断面图 2

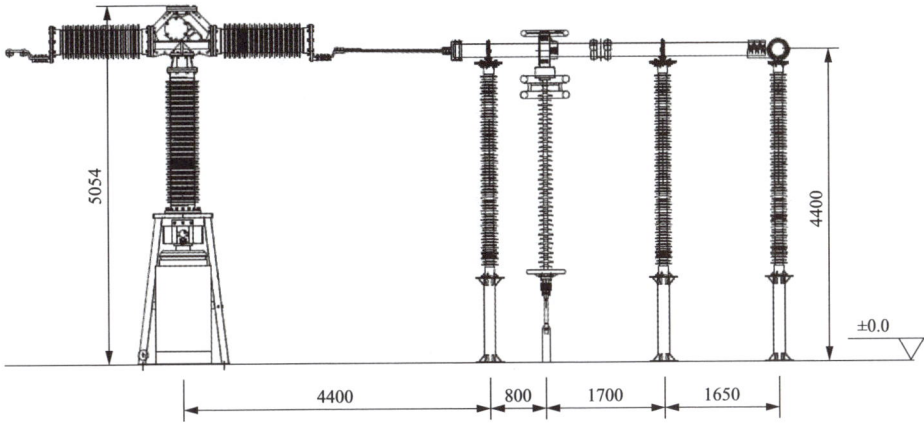

图 6-33　消能装置断面图 3

6.6.3　三维设计

消能装置三维如图 6-34、图 6-35 所示。

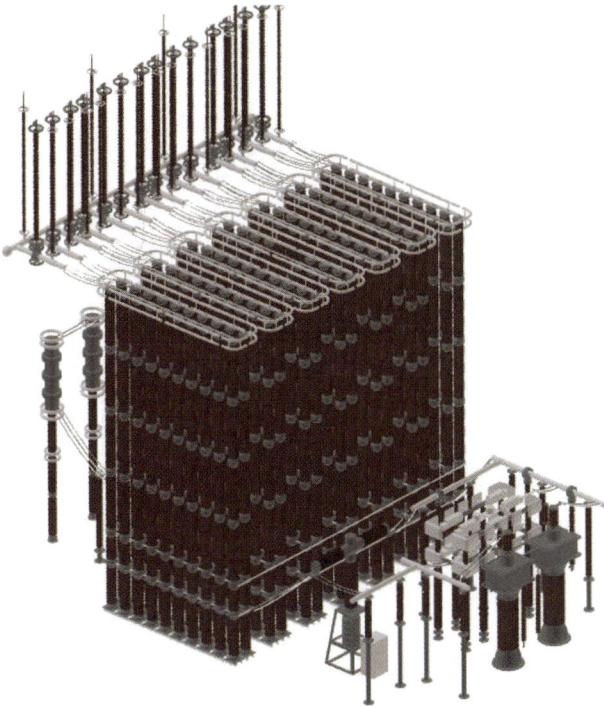

图 6-34　消能装置三维图 1

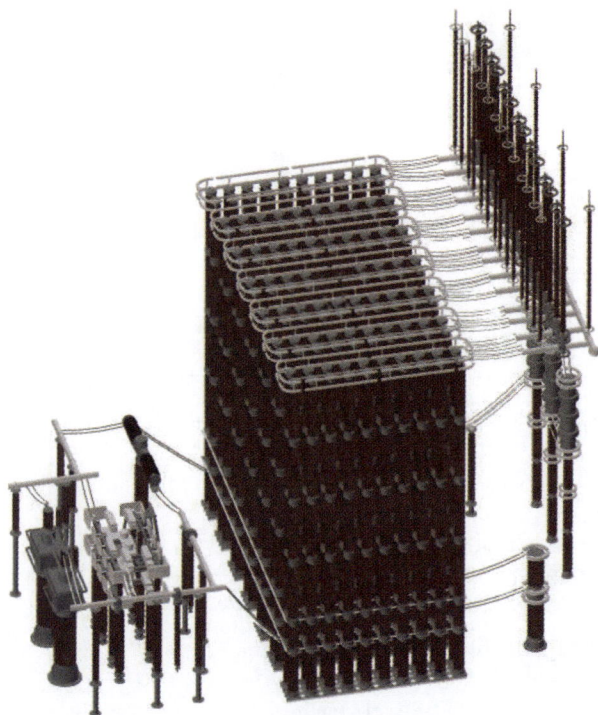

图 6-35　消能装置三维图 2